动物奇葩说

TRUE OR POO?

[美] 尼克·卡鲁索（Nick Caruso）
[英] 达尼·拉巴奥蒂（Dani Rabaiotti） —— 著
[美] 伊桑·科贾克（Ethan Kocak）—— 绘
吕同舟 —— 译

中信出版集团 | 北京

图书在版编目（CIP）数据

动物奇葩说/（美）尼克·卡鲁索，（英）达尼·拉巴奥蒂著；（美）伊桑·科贾克绘；吕同舟译. -- 北京：中信出版社，2019.11

书名原文：True or Poo?

ISBN 978-7-5217-1067-0

I. ①动… II. ①尼… ②达… ③伊… ④吕… III. ①动物－普及读物 IV. ①Q95–49

中国版本图书馆CIP数据核字（2019）第209052号

动物奇葩说

著　　者：[美]尼克·卡鲁索 [英]达尼·拉巴奥蒂
绘　　者：[美]伊桑·科贾克
译　　者：吕同舟
出版发行：中信出版集团股份有限公司
（北京市朝阳区惠新东街甲4号富盛大厦2座　邮编　100029）
承 印 者：北京通州皇家印刷厂

开　　本：880mm × 1230mm　1/32　　印　　张：5.5　　字　　数：67千字
版　　次：2019年11月第1版　　印　　次：2019年11月第1次印刷
京权图字：01–2019–3760　　广告经营许可证：京朝工商广字第8087号
书　　号：ISBN 978-7-5217-1067-0
定　　价：39.00元

感谢推特科学社区成员的热情支持，以及他们提供的各种关于动物的内容，让本书能够最终成稿。感谢你们让所有人知道，科学属于每一个人。

目 录

1

求爱、交配与养育后代

2

饮食习惯

3

消化和排泄

4

防御

5

那些不恰当的名字

6

在各种古怪的地方安家

前　言

关于动物的各种传说源远流长，比如，长久以来人们一直认为蝾螈是从火焰中诞生的，能够抵御火焰的高温，这种误解来源于从前的人在燃烧木头取暖的时候，经常看到这种生物从木头里爬出来。但实际情况是，蝾螈习惯居住在木头里，而且它们对温度的变化非常敏感。当它们的家被火点着，温度急剧上升的时候，蝾螈就会选择撤退，因而被人们看到。另一个常被提及的传说是，鸵鸟会把脑袋埋进沙子里躲避捕食者的追击（这则流言及本书后文中会提到的那些传说，最初大都源自伟大的自然学家与哲学家老普林尼的著作）。事实上，鸵鸟之所以会把它的脑袋埋进沙子里，是因为鸵鸟的巢穴在地面上留有一个开口，它们只是把脑袋探进巢穴里去挪一挪蛋的位置，或是给幼崽喂食。

不过这些以讹传讹、看似光怪陆离的传说，相比那些野生动物每天确实会做的事儿，反倒成了小巫见大巫。动物为了适应环境而取得的各种进化成果，根本不需要我们添油加醋，它们本身已经无比精彩了。比如上文提到的蝾螈，你知道吗？它们不仅可以再生出尾巴，还可以再生出手脚。至于鸵鸟，它们的奔跑速度可达每小时 70 千米。虽然相信那些关于动物的传说似乎也无伤大雅，但实际上这种流言不仅会让我们低估自然的伟大，还会让一些动物无端地背负莫须有的骂名。

作为动物学家，我们有幸能近距离接触非常多种类的动物，在职业生涯里也能阅览成千上万篇（真的，这个数量毫不夸张）有关动物的论文。除此之外，我们还经常和其他在这个领域工作、能近距离接触各种动物，以及拥有许多与动物相关的古怪经历的同行一起沟通交流。这些因素林林总总地糅合在一起，最终我们得出的结论是：大自然真的挺“恶心”的。可能自维多利亚时代开始，“自然是美丽的”这一概念就在人们心中扎下了根，但事实上，自然界的动物并不总是那么美丽，它们时不时就会干出一些非常“恶心”的事儿。

在本书中，你既会读到一些长久以来人们信以为真的关于动物王国的流言，也会看到一些让你难以置信的真相。本书涵盖了从动物交配到抚养后代，从哺育到消化食物，从动物的古怪名字到被它们视为家的“破瓦寒窑”的形形色色的内容。当然，所有这些内容都有点儿令人害怕或恶心。重要的是，你能不能猜出其中哪些是真，哪些是一派胡言？

1 求爱、交配与养育后代

为了让种群生生不息，任何生物都需要繁衍后代。动物界繁衍后代这一过程可是出了名的多种多样，可谓“甲之蜜糖，乙之砒霜”。一次成功的繁殖需要“天时地利”等多方面的因素。首先是求爱阶段，动物需要寻觅并且成功吸引它们的伴侣。一般来说，雄性通过相互竞争来获得雌性的青睐，通常这种竞争都会包含一些精心设计的炫耀行为，以便向雌性展现雄性的生殖适合度。以孔雀为例，雄孔雀鲜亮缤纷的长尾巴，能够向雌孔雀传达健康状态良好的信息。雄孔雀有能力获取大量资源，才会长出这么一身漂亮的羽毛；同时，即便它如此显眼，仍然能够在捕食者爪下幸存。但有时候，雄性之间也需要一场真正的肢体较量，来决定谁最终能够一亲芳泽。不过，动物界中还有一条永恒的真理——永远存在例外。有些动物，比如像水雉这样大脚爪的涉禽，雌性之间会相互竞争，以确保能拥有最佳的雄性伴侣。

配子是由两性生殖系统分别产生的成熟性细胞，它们携带着父亲或母亲的一半DNA（脱氧核糖核酸）。在交配期间，两个配子会结合，产生合子。对人类来说，合子发育的过程被称为妊娠，它发生在女性体内，平均持续约280天。但是，这种情况在动物王国里绝非常态。当后代出生或孵化出来后，有些动物会选择让其后代自生自灭，有些动物则会尽职尽责、勤勤恳恳地抚育子女。有些动物是父母双方一同努力抚育后代，有些动物则只有一方会挑起这个重担，在大多数情况下都是母亲负责，父亲只是偶尔施以援手（或“援鳍”“援爪”，取决于究竟是什么动物）。

在这一章里，你会看到不同动物奇怪而精彩的繁衍方式，从求偶到交配，再到养育后代。冠海豹的求偶仪式跟小朋友的生日派对有何相同之处？真有动物觉得尿液极具吸引力吗？哪些动物的生殖器从某种角度看和奥运会的一些比赛项目有异曲同工之妙？鸟类真的像它们看上去那么浪漫吗？如果抚养过程中出了什么差错，鸟类会舍弃它们的后代吗？当雌性伴侣遭遇不幸后，雄性小丑鱼到底会如何应对？负子蟾究竟有何特别之处？哺乳动物的宝宝在出生时除了卖萌还会做些什么？

接着，我们还会着重向你展示动物父母会养育子女多久。只有雌性动物会单独担负起抚育后代的责任吗？屎壳郎到底能推动多大的粪球？动物父母会吃掉子女的排泄物，还是由子女自行解决？

冠海豹利用气球来吸引伴侣

真的假的？真的。

一提到气球，我们可能就会联想到生日聚会，但当一只雌性冠海豹（*Cystophora cristata*）看到气球的时候，它更有可能联想到交配。冠海豹因为它们的“冠”而得名：雄性冠海豹的眼睛和上嘴唇之间有一个可以充气膨胀的囊袋，它们通过让这个“气球”充气的方式让自己看上去更强壮，体形更大，对其他雄性更具威胁性，并试图借此获得统治地位。不仅如此，雄性冠海豹的鼻膜也能充气膨胀，并在充气后变成红色或粉色。如果光靠这两种手段还不足以威慑竞争对手，雄性之间就会诉诸武力来确定彼此的社会阶级。但是，长在脸上的“气球”对雄性冠海豹来说不仅是用来和同性一决高下的装备，它们也需要向雌性展示自己的“气球”，以此博得对方的好感，使对方接受自己的求爱。鉴于它们拥有这种无比古怪的求爱仪式，作为一位动物学家，我绝对不建议你邀请冠海豹参加到处装饰着粉色气球的生日派对。

有蹄类哺乳动物的崽儿出生后几分钟就能行走

真的假的？真的。

人类一般要在出生后一年才具备行走的能力，但长颈鹿、大象和其他有蹄类哺乳动物在出生后几分钟就能行走了。这并不意味着人类比其他哺乳动物教养后代的能力差，实际上这和我们的大脑息息相关。相比我们的身材，人类大脑的尺寸非常大，我们颅骨（也就是头骨）的尺寸也很大。对人类来说这无疑是一件好事，因为如此发达的大脑让我们有能力使用工具、解决难题、交流沟通，甚至写一本叫作《动物的“屁”事儿》（该书简体中文版由中信出版社于2019年6月出版。——编者注）的书。但是，为了让我们的大脑袋在母亲分娩时能顺利地通过产道，我们出生时大脑并未发育成熟，这意味着出生后我们的大脑还需要很长一段时间才能完全发育。然而，有蹄类哺乳动物的大脑在出生时就已经发育得相当成熟，这些动物的妊娠时间——从受孕到分娩——一般来说都很长，比如，长颈鹿需要14个月，大象需要22个月。科学家发现，可以依据一个物种大脑的平均尺寸，计算出该物种从受孕之日起到幼体能够行走所需的时间。

卷尾猴利用尿液的气味求爱

真的假的？真的。

人类与其他灵长类动物之间有无数相似点，比如，我们与它们的基因组成高度相似，都会使用工具，都有与同物种社交的倾向。类似地，我们也可以在人类与卷尾猴之间发现无数共同点。卷尾猴是一种常见于中南美洲森林的灵长类动物。为了引起雄性的注意，雌性卷尾猴会抓住或是拽住雄性的尾巴，甚至会向雄性投掷石块。这种行为是不是让你想起了那些在操场上玩耍的小孩子？但是，有种行为绝对是卷尾猴会做，而我们人类（起码是我们中的大多数）不会做的——雄性卷尾猴会往自己的手掌里尿尿，随后把尿液涂抹在自己的毛发上。虽然这看上去很恶心，但这种“尿浴”行为自有其道理。研究表明，雌性卷尾猴能够从尿液的味道中判断出雄性体内睾酮水平的高低，从而分辨出性成熟的雄性，并根据社会地位区分这些潜在的配偶。到目前为止，人类还没有能力通过尿液的味道辨识潜在的配偶，所以我们在此强烈建议大家不要使用那些以尿液为基调的须后水。

扁虫会用生殖器互相打斗并互捅对方

真的假的？真的。

物种之间的互动常常可以被形容为“进化军备竞赛”，其结果一般是，一个物种进化产生的“矛”往往会被另一个物种进化产生的“盾”抵挡。比如，粗皮渍螈（*Tarchia granulosa*）进化出一套能够分泌毒液的系统，这种毒液能够导致其他动物麻痹甚至死亡，但以这种蝾螈为食的束带蛇（*Thamnophis sirtalis*）却对这种毒液免疫。不过，也有不少物种在物种内部展开军备竞赛，扁虫（*Platyhelminthes*）就是其中之一。

扁虫是雌雄同体，每只都长有能够产生卵子和精子的器官。它们会用弹簧刀般可伸缩且锋利的生殖器官——当然是越长、越锋利越好——和别的个体进行决斗，胜利者会将自己的生殖器直接插入失败者体内，并注射自己的精子。这种行为被称为创伤式授精，这在动物界并非个例，轮虫、腹足纲的蜗牛和线虫等许多物种均有这种行为。创伤式授精一般会出现在那些交配行为本就比较恶心和野蛮的物种身上，比如，有些物种的雄性为了防止其他雄性与自己的雌性配偶交配，分泌出黏性物质粘住雌性的生殖道，甚至还会牺牲自己的生殖器官去堵住雌性的生殖道。这种利用自身的生殖器进行皮下穿刺进而向对方体内注射精子的方式，则能非常有效地避开上述阻碍。

蜣螂能推动重量超过自身体重 1 000 倍的粪球

真的假的？真的。

有一类非常神奇的昆虫——金龟总科（*Scarabaeoidea*），它们一般被称为金龟子或者蜣螂。通常情况下，它们的日常食谱中会有一部分甚至全部由粪便组成。虽然这听起来不会让你我胃口大开，但它们对于自然界的营养元素循环做出了不可磨灭的贡献——如果没有它们，这个星球上早就“屎横遍野”了！那种环境将会导致地球上疾病肆虐，土壤质量下降。在自然界中，蜣螂可按照生活习性分为三种：一种是居住型的，它们只会在找到的粪便周围生活；一种是打洞型的，它们会在自己发现的粪便下方挖出一个隧道，然后把粪便埋起来；还有一种就是我们耳熟能详的会滚粪球的蜣螂了，它们会先把发现的粪便搓成球形，然后将粪球一路滚进自己之前挖的洞穴或是繁殖的洞穴里去。第三种蜣螂有时要滚着粪球行进很长的距离，才能最终把这种美味送进它们后代的嘴里。一开始，雄性蜣螂在找到粪便后会将它弄成球形，然后沿着松软的土地滚动这个粪球。当雌性看到雄性并对它产生兴趣时（试问哪只雌性蜣螂能抵挡得了这种诱惑），雌性会立刻爬上粪球骑在上面（真会帮倒忙）。一旦它们找到了合适的地方，雌雄蜣螂就会开始挖洞，填埋这个粪球，准备养育下一代。雌性还会在粪球上产卵。这里我们尤其要提到一种蜣螂，叫作牛头嗡蜣螂（*Onthophagus taurus*），它们特别擅长推动超级粪球。雄性牛头嗡蜣螂能推动1 142倍于自身体重的粪球前行，这相当于一个人推着一个和抹香鲸一样重的球奋勇向前。这是多么伟大的父亲形象！

雄性海马会怀孕

真的假的？基本上是真的。

据我们目前所知，海马属共有54种海马（根据2018年的最新分类，有45种。——译者注）。根据目前观察到的结果，所有这些海马都是由雄性产下后代的。这是否意味着雄性海马会怀孕呢？虽然我们给这个问题贴上的标签是“真的”，但雄性海马怀孕的方式和我们大多数人想象的并不一样，卵子不是在它们体内产生的。雄性海马的腹部有一个育儿袋，如果它们通过求爱舞成功地俘获了雌性的芳心，雌性海马就会将自己体内的卵子注入雄性的育儿袋。科学家至今还没弄清楚，海马为什么会进化出这种父母角色互换的现象。或许，它们进化出这种特质是为了让雌性产出更多的卵子。将生育的责任转交给雄性，意味着雌性可以把更多的时间和精力放在下一次产卵上。卵子经过雄性授精之后，受精卵会在雄性的育儿袋中发育，最终由雄性产下小海马。这些小海马只是体形较小，外形已经和成年海马很像了。

这些雄性海马可不仅仅是为胚胎提供一个供它们成长的口袋。研究表明，雄性还会为胚胎提供营养，帮它们清除排泄物，保护胚胎不受感染。有趣的是，雄性海马在怀孕期间表达的一些基因片段和那些在孕期的雌性哺乳动物体内表达的基因非常相似。但不同于有袋类哺乳动物，小海马能够在育儿袋外发育成长，虽然小海马的发育时间通常更长，存活率也比较低。

章鱼的阴茎会脱落

真的假的？真的。

如果在你所属的物种里，雌性的体形是雄性的5倍，而作为一只雄性，想和雌性交配就要面临被对方直接扼死并吞掉的命运，你会怎么做？如果你回答“那我选择让自己的生殖器官从身体上脱落，让器官单独游向雌性去完成交配”，那么错不了，你肯定是一只船蛸（*Argonauta*）。船蛸是章鱼的一个属，在许多开放海域我们都能看到它们的身影。船蛸和其他章鱼最显著的区别在于，它们可以长出一身薄薄的外壳。雄性船蛸的阴茎其实就是一条被改造的胳膊，叫作化茎腕，其中包含着雄性船蛸的精子。当这条胳膊从本体脱落后，它会径自游向雌性，附着在雌性的外套膜（雌性船蛸的头部后侧的结构，内有器官）上，并就此扎根在外套腔内。不幸的是，这些雄性在它们的化茎腕脱落之后不久就会死去（试想如果你在海里剁下一条胳膊），所以这些雄性终其一生只有一次繁殖后代的机会。对雌性而言情况则大不相同，它们可以同时接纳并储存来自不同雄性的精子，让自己体内的卵子受精。

虽然这对雄性船蛸而言似乎有点儿悲惨，但如果连一丝传宗接代的机会都没有，直接被雌性生吞活剥，结果或许会更糟糕。

有的动物后代会从母体内一路吃出来

真的假的？真的。

在无脊椎动物的神奇世界里，有一些可怕的物种，它们抛弃了传统意义上的生产方式，选择让子女从它们的肚子里一路吃出来。请你想象一下被自己贪婪的子女从体内一点一点地吞食掉的场景。如果你是一只雌性无爪螨（*Adactylidium*），也就是一种体形非常微小以至于需要借助显微镜才能看到的螨虫，那么这将是你生命中绕不过去的一道坎儿。更古怪的是，这种雌性螨虫生下来时就是怀着孕的！当螨虫卵（一般是5~8枚）在母体内孵化时，其中只有一只雄性，它会和它的姐妹们直接进行交配。这一切都发生在它们仍在母体内的时候！接下来，这些怀孕的雌性后代就会一路从自己母亲的体内吃出来，然后在它们自己的女儿从它们体内一路吃出来之前，享受4天短暂的美好时光。虽然雌性螨虫4天的生命看上去很短暂，但要知道雄性螨虫能在自己母亲体外活上几个钟头都已经算是幸运了，因为在交配结束之后雄性螨虫就失去了存在的意义。这种吃掉自己母亲的行为被称为噬母现象，在许多物种身上均有表现，包括一些蠼螋、一些捻翅目昆虫（一类有翅膀且寄生的昆虫），以及蚓螈。

所有鸟类都是一夫一妻制

真的假的？假的。

许多人都见到鸟类出双入对（比如，水里的鸭子大都两两一起游泳），共同抚育后代，于是鸟类都是一夫一妻制——它们终其一生只有一个固定伴侣——的流言便传播开来。一夫一妻制在动物界其实是相对少见的现象，不过在鸟类中一夫一妻的比例确实相当高，但并非所有鸟类都如此。在目前观察到的大约10 000种鸟类中，有92%的鸟类是一夫一妻制或双亲制度的拥护者。有的鸟类（比如，信天翁科，*Diomedeidae*）一生都采取一夫一妻制，有的鸟类的夫妻关系只能维持几个繁殖期（比如，哀鸽，*Zenaida macroura*），还有的鸟类只在一个繁殖期（比如，牛头伯劳，*Lanius bucephalus*）或是一个筑巢期（比如，莺鹪鹩，*Troglodytes aedon*）内做对露水夫妻。鸣禽以出双入对闻名，但DNA分析表明，一个巢穴里的雏鸟不一定全是养育它们成长的雄鸟的后代，有时甚至不是雌鸟亲生的。就拿蓝山雀来说，有50%的蓝山雀巢里有并非该巢雄性亲生的雏鸟。所以总体看来，鸟类并不像我们一直认为的那样忠贞浪漫。

小丑鱼终其一生只有一种性别

真的假的？假的。

世界上有近30种小丑鱼，你可能知道它们之间的一个共同点，那就是各种小丑鱼都和海葵有着密不可分的共生关系。小丑鱼居住在海葵丛里，帮助海葵保持洁净，海葵则用其刺状触须为小丑鱼提供一个躲避捕食者的安全环境。同时，小丑鱼为了避免被海葵蜇伤，会在身体表面涂上一层厚厚的黏液。

怀孕一直以来都是生物繁殖的重要一环，但小丑鱼在我们司空见惯的怀孕方式的基础上又往前迈了一步，即它们能够改变自身性别。所有种类的小丑鱼都是群居的，并且具有严苛的等级，只有群体内体形最大的雄性才能和雌性交配产卵。和其他大多数鱼类一样，雌性小丑鱼的体形比雄性稍大，每次交配时雌性能携带多达1 000枚鱼卵。当群体内体形最大的雌性死亡后，体形最大的雄性就会变为雌性，而原本体形第二大的雄性则会成为最大的雄性。

这种现象被称为邻接雌雄同体，它不仅存在于小丑鱼身上，海鳝、隆头鱼和虾虎鱼也都被观察到有这种变性行为，由此增加个体一生中能繁衍的后代数量。但是，上述生物和自然中的其他一些生物比起来，其性别的复杂程度根本不值一提。比如，我们目前已经发现有些种类的真菌拥有超过36 000种性别！

WILL WORK
4 FUD

如果你触碰了一只雏鸟，它就会被它的父母遗弃

真的假的？假的。

这的确是一则谣言，无论你是从何处得知这个信息的，我们都可以负责任地告诉你，触碰一只雏鸟不会导致它被它的父母遗弃。鸟类及其后代之间是相当有感情的，只要有机会施以援手，鸟类父母就不会眼睁睁地看着自己的子女死亡。这则谣言基本上源于有人认为成鸟会嗅到雏鸟身上沾了人类的气味，但事实上鸟类的嗅觉非常差，即便你碰了雏鸟，成鸟也根本闻不到。即便如此，当我们发现落单的雏鸟时，也不应该触碰它，因为这会给成鸟和雏鸟带来很多麻烦。最好的选择就是不要插手，当它的父母归巢时稍一留神就可以发现它。除非雏鸟处于非常危险的境地，比如受困于一条车来人往的繁忙公路上，那么我们可以选择把它挪到路边上相对安全的地方去。但是，探扰鸟巢是万万不可的，因为无论对你还是鸟类而言这都有害无益。探扰鸟巢会导致成鸟在产卵后抛弃这个巢穴和里面的后代，转而寻找其他不被骚扰的地方重新安家。除此之外，鸟类对于侵扰它们巢穴的敌人一般都会进行各种俯冲攻击，这可能会在你的头上留下累累伤痕（这绝对不是作者的亲身经历，绝对不是……），所以不论如何都不要对鸟巢下手。

鸟类为了保持巢穴的干净会吃掉雏鸟的粪便

真的假的？真的。

请大家想象一个鸟巢，里面会不会到处是粪便？估计不会吧。如果你脑海中的鸟巢真是那样一番光景，要么这个巢可能是“笨鸟”筑的，要么你真得出门去仔细看看鸟巢到底是什么样子（记得观察时要和鸟巢保持安全距离，千万不要打扰里面的鸟类），因为鸟巢大多数时候都是干干净净的。考虑到雏鸟吃喝拉撒都在巢里进行，这些鸟类到底是如何保持巢穴干净的呢？很不幸，对那些想要从中学到一点儿技巧的初为父母的人来说，答案可能要令他们失望了。许多种类的雏鸟都会把粪便排进一个叫作粪囊的特殊厚黏膜中。粪囊就像鸟类的专属尿布一样，可以保存雏鸟的粪便，并防止粪便把巢弄湿。雏鸟被喂食后不消几秒钟的时间就会排便，正在喂食的父母会顺便帮它们把粪便清理干净。在这些雏鸟很小的时候，它们的父母会把这些排泄物连同粪囊一起吃得干干净净。我们原本以为成鸟选择吃掉这些东西是为了从中获取养分，但最近越来越多的研究表明，这些父母吃下粪囊纯粹就是因为懒。作为整天在巢里嗷嗷待哺的雏鸟的家长，你会选择耗时费力地叼着这些粪囊飞到老远的地方去丢掉它们，还是干脆吃掉它们？最新的研究证明，这个选择取决于粪囊的大小，如果粪囊不大，不会占据它们肚子里太多的空间，成鸟就会选择直接吃掉它们。而随着雏鸟逐渐长大，粪囊的大小也不断增加，成鸟就不再选择就地解决了，而是叼着这些排泄物飞到老远的地方丢掉。

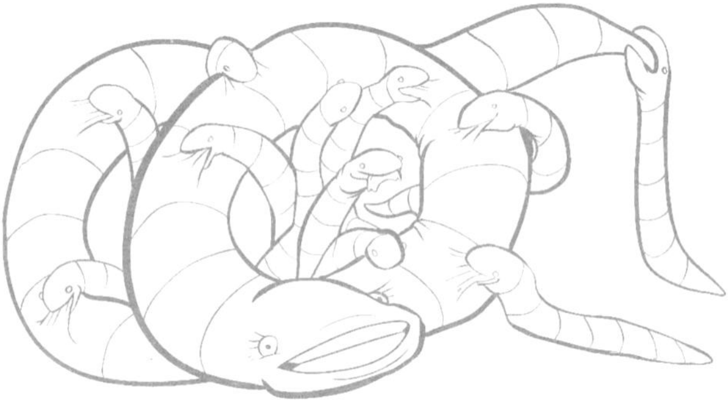

蚓螈会吃掉它们的母亲

真的假的？算是假的吧。

蚓螈（*Gymnophiona*）是目前已知的207种穴居两栖动物的统称，它们没有脚，看上去就像蠕虫。蚓螈主要生活在中南美洲、亚洲（印度），以及非洲潮湿的热带地区。成年蚓螈的食物主要包括一些蚯蚓和节肢动物，有时它们还会吃其他无脊椎动物。而幼年蚓螈的食物与成年蚓螈大相径庭，它们会以自己母亲的血肉为食（当然，不是全都吃掉）。有些种类的蚓螈（比如，西非蚓螈，*Boulengerula taitanus*）是卵生的，它们从孵化伊始就拥有一副特殊的牙齿，可以咬穿并撕下它们母亲皮肤最外层的组织为食，其中富含油脂。母亲会牺牲自己多达14%的体重来喂饱下一代，值得庆幸的是，母亲的皮肤在三天之内就会恢复原状。还有些种类的蚓螈（比如，印度西高止山蚓螈，*Gegeneophis seshachari*）会直接生下小蚓螈，这意味着可怕的以皮肤为食的“狂热活动”从它们还在母亲体内的时候就开始了，正在发育的幼年蚓螈会吃掉母亲输卵管的增厚外层。虽然这听上去是一次十分恐怖的产前经历，但相比我们在前文中提到的无爪螨仍是小巫见大巫，毕竟小蚓螈只会吃掉它们母亲身体的一部分。

负子蟾通过背部产子

真的假的？真的。

负子蟾（*Pipa pipa*）是一种常见于中南美洲的水栖蛙类，最令它们臭名昭著的就是其独特而恶心的产子方式。每当繁殖季节到来，雄性负子蟾就会发出巨大的拍打声吸引异性，一旦有兴致的异性闻声而来，它们便会在水中交配。在这个过程中，雌性会产下大约100枚卵让雄性授精，与此同时，雌性后背的皮肤会变得非常厚实，并将这些受精卵粘在背上。之后这些卵会在雌性的背上越嵌越深。这种非常新颖又极其恶心的手段，能够有效地避免受精卵受到捕食者的威胁。和大多数蛙类一样，负子蟾的受精卵也会孵化成为蝌蚪，但整个过程都发生在雌性背上！等到它们长成幼蛙（除了体形，其他均已和成熟负子蟾一样），它们就会从母亲的背部破皮而出，跳进水里。这个过程听起来好像挤青春痘，唯一不同的是挤出来的不是脓，而是小负子蟾。啊，多么伟大的母爱啊！如果这种生育方式还不足以让你感到震惊，那么我们再告诉你一件事儿：负子蟾没有舌头。

2 饮食习惯

或许你也能想到，动物界千奇百怪的动物自然拥有五花八门的食谱。一些对你来说完全提不起胃口的东西，对其他许多动物来说可能就是珍馐美味、饕餮盛宴。你可能已经知道，有些动物是肉食的，也就是说，它们以其他动物为食；有些是杂食的，既吃植物也吃别的动物；有些动物是植食的，只以植物为食。但是，最近的一些研究表明，长期以来我们一直以为的某些植食动物实际上是杂食动物，比如鹿和河马。有记录表明，鹿会吃雏鸟，河马甚至会同类相食。

在这个缤纷的动物星球上，存在各种各样有趣或古怪瘆人的动物食谱，比如，食浮游生物的动物以浮游生物为食，食叶动物以植物的叶片为食，食粪动物以其他动物的排泄物为食，食血动物以动物的血液为食，食腐动物以死去的动物为食。围绕着动物的饮食习惯，还有各种各样的谣言和传说，比如鲸（或许你听到这个消息不会太惊讶）确实不会吃人。

如果你读过《动物的“屁”事儿》，你就会意识到动物一般来说是不懂什么礼貌的。它们的不知礼数并非局限在放屁这一个方面，它们在饮食习惯上也没什么礼仪可言。动物在收集、捕猎和进食等方面有各种怪癖：猫在杀死猎物前喜欢先将它们玩弄于股掌之上；苍蝇会呕吐在它们的食物上；来自马达加斯加的狐猴会像人类一样用它们纤细的手指抓取食物，这使得岛上流传着一则谣言——如果你被狐猴的手指指中，你将身陷诅咒之中。迄今为止，还没人见过野生动物用刀叉进食，但喀里多尼亚乌鸦（一种生活在澳大利亚海岸线附近的新喀里名尼亚岛上的乌鸦）却懂得用树枝作为工具去收集食物。

接下来，你会读到许多动物是如何用一系列恶心的方式去捕获食物或猎杀食物的。之后，你会看到一些可能让你感到惊讶的动物进食习惯和饮水习惯。当然，还有一些涉及现存动物、已灭绝的动物与我们之间互动的相关内容。记住，千万别在吃饭的时候浏览以下内容。

骆驼用它们的驼峰来储水

真的假的？假的。

世界上有两种骆驼，均属偶蹄类动物，也都是骆驼属（*Camelus*）。其中单峰骆驼（*Camelus dromedarius*）原产于中东和非洲之角（今索马里与埃塞俄比亚地区。——译者注），因为人为的干预，它们如今成了澳大利亚的入侵物种，它们的背上只有一个驼峰。双峰骆驼（*Camelus bactrianus*）生活在亚洲中部，它们的背上长有两个驼峰。一则广为流传的谣言是，骆驼用它们背上的驼峰来储水。（当然，骆驼确实能够在没有水分补给的情况下行进很长时间，甚至能超过10天，而人类在没有水的情况下只能坚持3~5天。）

如果它们的驼峰里没有储水，那里面装的究竟是什么呢？答案是：满满的脂肪。骆驼会储存脂肪作为能量储备，毕竟在沙漠里也没有太多可以吃的东西。但是，骆驼并没有把脂肪均匀地储存在身体的各个部位，而是集中储存在背部，因为脂肪散布于全身会导致它们体温过高。因此，骆驼的驼峰重达36千克。骆驼究竟为什么能够长途跋涉那么久，中途却不需要补充水分呢？因为它们可以非常快速地饮下大量的水——在三分钟之内可以灌下200升水，这些水分可以供它们使用很长时间。除此之外，它们还有一系列方法防止体内的水分流失，包括隔热的皮肤和呼吸时为防止水分蒸发而进化出的特殊鼻孔。更值得一提的是，它们那对功能异常强大的肾脏能将尿液中的大部分水分重新回收，以至于它们的尿液像糖浆一样黏稠。

所有蛾子都会蛀坏衣服

真的假的？假的。

只有“非常非常非常”（多少个“非常”都不为过）少的蛾子会蛀坏我们的衣服，在超过160 000种蛾子中，会蛀衣服的只有4种蛾子。即便是这4种蛾子，蛀坏我们衣服的也并非成年蛾子，而是它们的幼虫，因为成年的衣蛾（*Tineola*）没有口器，根本不会进食。在蛾子的一生中，只有在毛虫时期会进食，一旦变态为成虫，就只能短暂地存活几天，时间全都花在交配和繁殖产卵上。这些蛾子在幼虫期会以自然中的绝大多数纤维为食，包括角蛋白（我们指甲的主要成分）、人类的毛发、动物的毛和灰尘。在人类发明衣服之前，衣蛾的主要食物来源是动物的羽毛和脱落的毛发，要知道那时这些可都是稀缺资源啊。但现在，人类非常慷慨地把所有它们能吃的也爱吃的东西，全部收在屋内的一个柜子中。

衣蛾的数量只占蛾子总数的约0.002%，虽然想要分辨衣蛾和其他蛾子非常困难，但除了衣蛾，还有很多不会蛀坏衣服的蛾子。其实分辨蛾子与蝴蝶可比我们想象的难得多，因为有些蛾子长得光鲜靓丽，有些蝴蝶却长得“灰头土脸”，有些蛾子在白天活动，有些蝴蝶却在晚上活动。不过有一件事可以肯定，如果你看到一只棕色带翅膀的昆虫，无论它是蝴蝶也好，蛾子也罢，它很有可能是以植物、花蜜或落叶为食的，不会蛀坏你的衣服。

科莫多巨蜥用唾液中的细菌感染并杀死猎物

真的假的？假的。

长久以来我们一直以为，世界上现存体形最大的蜥蜴——科莫多巨蜥（*Varanus komodoensis*）是依靠它们嘴里含有细菌的唾液感染并杀死猎物的。我们认为它们之所以拥有这样的能力，至少一定程度上是因为它们那非常恶心的日常食谱，或者残留在它们嘴里或牙缝间的腐肉，这些使得它们的唾液里滋生出异常可怕的细菌。但事实上，这纯属谣言。科学家现在已经确定，科莫多巨蜥的体内会产生毒液，它们在撕咬猎物的时候，会将这种毒液注射到猎物体内，使猎物的血压迅速降低，并阻止其伤口愈合，致使猎物大量失血而死。研究同时表明，这些巨蜥的口腔内不存在任何致命的细菌菌株。如果有动物从科莫多巨蜥嘴里暂时逃生，却仍然被感染，那么它们很有可能并不是因为科莫多巨蜥的撕咬而直接感染细菌，而是由于伤口未能及时愈合，从而被外界细菌感染致死。令人意外的是，与我们一直以来的观念正好相反，科莫多巨蜥其实是一种非常爱干净的捕食者，它们曾被观察到用树叶来清理口腔，并且会在进食猎物的肠子之前叼着它来回摇晃，把里面的粪便甩出去。作为一种拥有这般餐桌礼仪的动物，谁不想在聚餐的时候邀请科莫多巨蜥加入呢？

北极熊会吃企鹅

真的假的？假的。

北极熊（*Ursus maritimus*）是一种体形非常庞大（体重可达700千克）的肉食哺乳动物，主要以海豹为食，有时也会吃鲸尸体上的腐肉，或者捕食一些啮齿动物和鱼类，它们甚至还会去翻人类的垃圾，寻找可吃的东西。但是，有一类动物并不在北极熊的食谱上，尽管许多人都绘声绘色地描述它们如何被北极熊猎食，那就是企鹅（*Spheniscidae*）。这既不是因为北极熊不爱吃企鹅（我感觉它们会很喜爱这种食物），也不是因为企鹅进化出了能躲避北极熊捕食的特性，而只是因为这两种动物没有生活在同一个地方。顾名思义，北极熊生活在北半球的北极圈内，除了加拉帕戈斯企鹅（*Spheniscus mendiculus*）生活在刚刚跨过赤道进入北半球的南美洲科隆岛，其他企鹅则大多生活在南半球。事实上，北极的英文单词Arctic来源于希腊语中的*arktos*，后者的意思是“熊”。在南极生活着各种企鹅，其中最为人熟知的可能就是帝企鹅（*Aptenodytes forsteri*）了。南极的英文单词是Antarctica，它恰巧是由意为“相反”的词缀Ant-与“熊”（-arctica）组合而成，所以从字面意义上说，南极不会有北极熊这种动物。

海鳝有不止一副颌

真的假的？真的。

我们的星球上生活着约200种海鳝，从最小的体长只有约11.5厘米的夏威夷高眉鳝（*Anarchias leucurus*），到拥有直白的外号“巨型海鳗”的爪哇裸胸鳝（*Gymnothorax javanicus*），后者体长超过3米，体重可达30千克。海鳝家族中的大部分成员都居住在海中，主要以鱼类和贝类动物为食。所有海鳝都拥有一个非常与众不同的特点，那就是它们都有第二副颌；它的学名叫咽颌，生长在海鳝的咽喉里。其他鱼类在进食时会把食物直接吸进去，而海鳝不同，由于海鳝长期生活在狭隘的海底岩石洞穴中，它们的头部太过狭窄，不足以产生足够的吸力将食物吸入喉咙。所以，它们会先咬住猎物，咽颌会向前伸出并抓住食物，然后将其拖入喉咙。虽然海鳝的进食方式算得上非常古怪且骇人听闻，甚至会让我们联想到外星人，但值得庆幸的是你我不必太过担心。这类生物虽然外形可怖，但除非我们侵扰了它们的巢穴，或是有人自作聪明地给它们喂食，让它们将人手误认作食物，否则它们是不会咬人的。不过为了保险起见，我们在海底潜水时还是不要把手伸进那些奇形怪状的岩石窟窿里去。

食蚁兽会用它们的鼻子把蚂蚁吸进嘴里

真的假的？假的。

世界上现存4种食蚁兽，其中有两种被称为小食蚁兽（它们的身体一般是姜黄色与黑色相间，生活在树上），还有一种侏食蚁兽（*Cyclopes didactylus*），以及最广为人知的大食蚁兽（*Myrmecophaga tridactyla*）。但是，和坊间流传最广的谣言恰恰相反，食蚁兽并非“吸蚁器”，它们那长长的鼻腔实际上是它们的嘴巴和鼻子的组合。如果食蚁兽真用它们的鼻子吸入蚂蚁，要么食物上沾满它们的鼻涕（谁会想吃这样的东西），要么蚂蚁或白蚁在被吸入的过程中会叮咬食蚁兽的鼻腔内部，这种感觉可不怎么舒服。事实上，食蚁兽会用它们那长度惊人的舌头——大食蚁兽的舌头长达60厘米——将蚂蚁舔进嘴巴里，然后咽下去。食蚁兽伸舌头的速度惊人，每分钟达160次。它们的舌头上分布着成千上万个名为丝状乳突的细小倒刺，在口腔分泌的大量黏稠唾液的协助下，能够将蚂蚁牢牢地固定在舌头上。为了能更快速地舔食蚂蚁，食蚁兽的嘴巴也特化了：颌的活动范围非常有限，并且没有牙齿。它们会利用颌将蚂蚁碾碎后直接咽下。这种不可思议的进化让大食蚁兽每天能够吃下超过20 000只虫子！

蜱虫会爬到树上然后掉落在你身上

真的假的？假的。

在人的上半身发现蜱虫是非常常见的事情，无论是胳膊上、肩膀上，还是头上。这种情况很容易让人误以为，这些讨厌的虫子是从树上一跃而下，落在毫不知情的人类受害者身上的。但事实上，蜱虫并不具备跳跃能力，它们平日里的活动范围就是从我们的脚踝到腰的高度，这也是它们最常骚扰的宿主（比如羊、鹿或浣熊）经常与它们擦身而过的范围。那么，这些蜱虫到底是怎么到达我们的上半身的呢？它们又为什么要这么做呢？答案是：蜱虫其实并非昆虫，它们是蛛形纲动物的一员（类似于它们的亲戚蜘蛛或蝎子），这些动物都有攀爬的习性。为了找到合适的宿主，蜱虫会采取各种探索办法，爬上较高的植物然后伺机而动。它们体内有一个叫作哈氏器的器官，能够侦测到附近动物排出的二氧化碳和产生的热量，当动物（包括人类）与它们擦身而过的时候，它们就会用前腿勾住宿主。但对人类来说，它们很可能会被我们的衣物挡住，而不是直接触碰我们的皮肤。所以，它们会非常自然地继续往上攀爬，直到找到合适的栖息地。当然，它们一旦到达目的地，就会立刻固定在这个位置上，然后开始美滋滋地吸食我们的血液。它们摄入的食物可达自身体重的400倍！

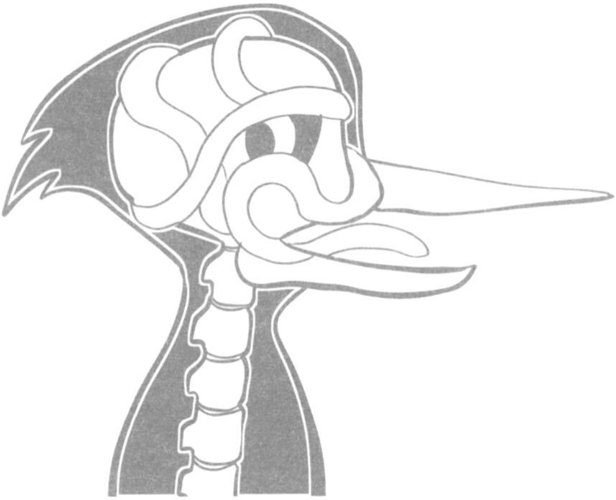

啄木鸟把舌头盘在头骨里

真的假的？真的。

如果你觉得食蚁兽的舌头已经很古怪了，那么你一定要看看更加古怪的啄木鸟（*Picidae*）的舌头。啄木鸟的舌头可以把它们的头骨缠起来。“鸟如其名”，啄木鸟会用它们的喙撞击树木，这种标志性的啄木行为在大多数情况下是为了找出深藏在树木或腐木中的昆虫。（有一些啄木鸟科的物种，比如橡树啄木鸟，以植物的种子为食，它们啄木是为了制造出一个储存食物的空间。）啄木鸟拥有很长且布满刺毛的舌头，大多数啄木鸟会将舌头伸进啄出来的洞孔中，把虫子抓出来。啄木鸟的舌头构造非常奇特，大多数动物（比如我们人类）的舌头主要是由肌肉组成的，而啄木鸟的舌头中有舌骨，舌骨贯穿整个舌头。在一些种类的啄木鸟中，它们的舌头从鸟喙开始，一直伸入脑袋，绕了一圈之后直达它们的鼻腔！在啄木过程中受到高强度撞击时，这种特殊的带骨舌头能够保护头骨不受伤害，就好像一个内置的防撞头盔。如果没有这层保护，恐怕啄木鸟每次开饭的时候都会患上脑震荡。

伯劳鸟会把它们的猎物钉死在栅栏上

真的假的？真的。

啊，美丽的乡村啊！此起彼伏的山脉，点缀着芬芳花朵的草丛，还有……蜥蜴的死尸？如果你见过蜥蜴等动物被钉死在栅栏上，那么这很有可能是伯劳鸟（*Laniidae*）的杰作。这种鸟会使用锋利的物体，比如荆棘、带尖刺的篱笆，甚至是花园里用来叉草的大叉子，刺穿它们的猎物。它们的猎物包括各种爬行动物、啮齿动物和比伯劳鸟体形更小的鸟类，还有一些昆虫。这种看上去无比残忍的行径，能帮助伯劳鸟将猎物固定住，从而更轻松地从猎物身上撕下肉食用。即便伯劳鸟已经吃饱了，它们仍然会把猎物做成“串儿”，因为猎物被风干后，肉会变得更容易撕扯。这种行为对伯劳鸟来说至关重要，还有人观察到有些伯劳鸟会穿刺一些不是动物的食物，比如枣。如果不给被捕获的伯劳鸟提供尖锐的物体供它们刺穿食物，它们可能会绝食。有一只伯劳鸟甚至要把奶酪刺穿后才肯食用！但这并不是故事的全部，雄性伯劳鸟会用它们的“串儿”来彰显自己的食物储备，以此吸引雌性来到它们的地盘上。它们还会串一些不能吃但色彩斑斓的物品，比如蜗牛壳和彩带，来扩充它们的储备。

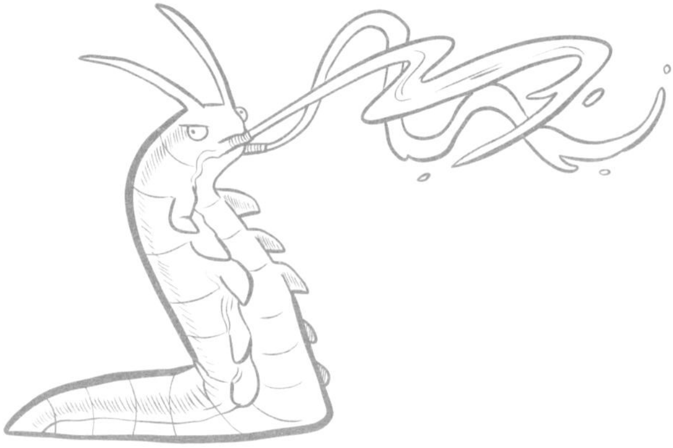

天鹅绒虫将脸变成黏液大炮来捕获猎物

真的假的？真的。

如果一位猎手的视力非常糟糕，这无疑是一个巨大的缺陷。但是，天鹅绒虫（*Onychophora*）为了克服这个巨大的缺点而进化出了一个非常独特的系统——黏液大炮。天鹅绒虫是一种身体分节的软体节肢动物，长有很多条腿。它们得名于身体呈现出的天鹅绒般的外观，这源于其身体表面从大量乳突中伸出的用于感知周遭环境的微小刚毛，以及遍布全身的圆形小突起。天鹅绒虫在感知到猎物移动产生的空气气流的波动后，会利用位于其头部两侧触角下方的两个口管喷射出黏液攻击对方。这两门黏液大炮就像花园里的两条脱了手的水管一样火力全开，前后摇晃，将两股胶水般的黏液射出去1英尺（1英尺≈30厘米。——译者注）远。如果猎物不幸被命中，这些黏液就会迅速硬化，把它们牢牢固定在原地动弹不得。这意味着天鹅绒虫可以从容地走到它们的晚餐面前，用尖锐的口器刺穿猎物的外骨骼，并将唾液注入其中，开始分解猎物。天鹅绒虫也会吃掉猎物身上的那层黏液，毕竟俗话说得好，“精打细算，有吃有穿”。显然，天鹅绒虫喷射黏液的手段还是一种非常有效的防御机制，当它们面对潜在的捕食者需要溜之大吉时，它们也会把黏液大炮射向那些潜在的捕食者。

吸血蝙蝠会和同伴分享食物

真的假的？真的。

当你听到吸血蝙蝠这个名字的时候，你脑海里浮现出的第一个形象是什么？是一个以血液为食的可怕怪物，还是一只毛茸茸的、会照顾同伴的可爱“飞天小狗”呢？如果你选择前者，那么你很可能会对以下内容感到惊讶。在中南美洲生活着三种完全以血液为食的蝙蝠，它们会趁猎物熟睡时行动，用特殊的牙齿撕开猎物的皮肤，然后分泌一种抗腐、抗血凝的唾液，防止猎物的血液在进食过程中凝固。这种捕食行为让吸血蝙蝠臭名昭著，但实际上它们是社交能力非常出众的生物。一般这些吸血蝙蝠会成百上千地聚集在领地里，生活在同一领地的蝙蝠之间有非常强的社交联系。雌性蝙蝠会为同伴清理身体，甚至还会将自己的食物分享给其他蝙蝠。如果某只蝙蝠前一晚外出觅食一无所获，第二天它的邻居就会将自己的食物与这只不幸的伙伴共享。将来某一天当热心肠的邻居时运不济、忍饥挨饿时，这只蝙蝠也会反过来帮助热心肠的邻居渡过难关。这种互惠行为能使没有血缘关系的蝙蝠分享资源，增加它们的生存概率。这种特性在整个自然界都非常罕见，这也让吸血蝙蝠成为一类有利他行为的独特动物。

只要你站着不动，霸王龙就看不到你

真的假的？假的。

在一部几乎是全世界有史以来最著名的恐龙电影里，遭到一只霸王龙（*Tyrannosaurus rex*）袭击的主角们被要求站着不动，因为这样做霸王龙就无法发现他们。很可惜，在现实中这一点并不成立。研究发现，霸王龙很可能拥有非常好的视力，甚至有可能超过现存的猛禽，也就是雕和鹰这两种以出色的视力闻名的猎手。不仅如此，霸王龙还拥有非常敏锐的嗅觉，即便它们的视力真的很差，静立不动也对掩盖我们散发出的气味毫无帮助。所以，与电影里常见的情节相反，面对大型肉食动物时一动不动且一声不吭，其实是一个非常糟糕的选择，因为食物链顶端的大型捕食者一般都会进化出非常出色的视觉、嗅觉和听觉，以便更好地锁定它们的猎物。就像那部电影中的台词所说，“到头来生命总会找到一条出路”。

晚上睡觉时我们会无意间吞下蜘蛛

真的假的？假的。

世界上存在很多关于动物吃人的谣言，也有不少人吃掉动物的谣言，这其中就包括蜘蛛。很多种类的蜘蛛是夜行的，这意味着你晚上睡觉的时候也是它们出来捕猎的时候，而且有些蜘蛛会出现在你的家里。那么，当我们在睡梦中无意识地张开嘴时，蜘蛛是否会爬进我们的嘴巴里然后被我们吞下去呢？人在无意识的状态下吞下夜行蜘蛛的说法几乎无法证实，你们今晚（以及每晚）大可安心睡觉，因为你基本上不可能在睡梦中吞下蜘蛛。我们并不是说这种现象完全不可能发生，只是这种情况发生的概率实在太小了。原因很简单，蜘蛛根本没有兴趣爬进我们的嘴里。你会愿意靠近一个产生巨大噪声和震动（我们在睡觉的时候会打鼾和呼吸，心脏也会跳动），并且体形是你的100倍的生物的血盆大口吗？

相比之下，更现实的情况是，我们有可能随着摄入食物而吃下蜘蛛或其他昆虫。比如，美国食品药品监督管理局发布的一份报告称，每50克肉桂粉里可能含有多达400片昆虫碎片，每225克无核葡萄干里可能含有10只完整的昆虫（或是等量的昆虫碎片）和35枚苍蝇卵。由此可见，我们唯一不会吃下蜘蛛的时段或许就是睡觉的时候了。祝你好梦！

3 消化和排泄

从我们大快朵颐或是开怀畅饮开始，到我们通过排便、排尿、排汗或呕吐等方式将代谢废物排出体外，我们的身体始终在进行一系列的消化过程，其中涉及一大堆消化器官（不同动物的消化器官有所区别）。在我们进食后，食物会依次经过嘴、食道、胃、小肠、大肠和直肠，消化吸收后的残渣则通过肛门被排出体外。对大多数哺乳动物而言，这一系列步骤都是相似的。无脊椎动物的消化系统则相对简单，比如，水母会通过它们的嘴进食，将食物送入唯一的体腔，在所有营养元素都被吸收干净之前，这些食物会一直留在体腔里，剩下的残渣也会从水母的嘴排出。相比人类，昆虫多了几种消化器官，它们有前肠、中肠、后肠和直肠。大多数鸟类都有一个叫作嗉囊的特殊器官，这个囊袋可以暂时存储食物，以便稍后反哺给雏鸟。鸟类还长有一个砂囊，其中通常存放着它们吞下的用来帮助磨碎食物的小石子，因为鸟类没有用来咀嚼食物的牙齿。

“有进必有出”，这句话适用于动物界的所有成员。消化是将食物分解吸收的过程，排泄则是有生命的生物将代谢废物排出体外的过程。动物会通过不同的方式排出废物，像人类和其他哺乳类动物那样排便和排尿，或者像爬行动物和鸟类那样将排便与排尿合二为一，或者像猛禽那样对那些难以消化的食物进行反刍，或者像水生动物那样直接将代谢产生的氨通过皮肤排出体外。实际上，我们人类也有类似水生动物的代谢行为，即将消化食物产生的代谢废物——尿素——借由汗液通过皮肤排出体外。排泄的产物多种多样，排泄的方式也是五花八门的。

在这一章里，你会读到关于动物消化系统的解剖知识，发现一些动物对消化系统别出心裁的新用法，理解微生物之于我们的利与弊，了解是不是所有的动物都能呕吐，并且弄明白河狸的屁股和香草味冰激凌到底有什么关系。你还能学到神奇的粪便对于动物和人类的一些神奇功效，探索粪便对于研究人员的帮助，了解蜜蜂排便的频率，发现一些有趣的动物粪便形状和奇葩的排便癖好。最后你会认识到，如果丧失了排便能力，那将是一件多么致命的事情。

所有微生物都是有害的，都会让我们生病

真的假的？假的。

当你走过超市里那排专门放置清洁用品的货架时，你很有可能在某种商品的外包装上看到类似“杀灭99.9%的细菌和微生物”的宣传语。这真的有必要吗？或者说这对我们真的好吗？微生物是指肉眼不可见的一类生命体，只有在显微镜下我们才能看到它们，它们包括细菌、真菌、原生生物和古菌。在这个星球上微生物无处不在，有些微生物会感染我们人类的细胞从而致病，比如导致肠道感染的贾第虫和导致疟疾的疟原虫。在我们身上微生物也无处不在，数量多到惊人。科学家估计，生活在我们身体上的微生物的细胞数量与人体自身的细胞数量之比是10∶1，这些微生物的基因数量与人体自身的基因数量之比更是达到了惊人的1 000∶1！这些微生物对我们的身体健康至关重要，它们在我们的免疫、消化和神经系统中都扮演着不可或缺的角色。举个例子，研究表明，如果使用抗生素导致我们的身体丧失一部分微生物，我们的身体就会出现缺乏维生素K的症状。遗憾的是，近年来抗生素的滥用，已经导致许多细菌菌株进化出耐药性，这对人类来说不但有害，甚至还可能是致命的。显然，我们的建议并不是让广大

读者自此再不洗手或洗澡，不清洁身体或是不按医嘱合理使用抗生素，但确实有一种行为叫作过分追求干净（如果你的孩子以此为借口拒绝刷牙洗脸、打扫卫生，那么我们在此向你表示诚挚的歉意）。

有些蛙用胃来抚育后代

真的假的？曾经是真的，但现在不是了。

在神奇的自然界里，把自己的后背当作后代的摇篮根本算不上蛙类抚育后代的最离奇的方式。胃育蛙包括两种生活在澳大利亚昆士兰州的蛙，这类蛙有一套非常特殊的抚育后代的方法，那就是当雌性胃育蛙排卵且雄性令这些卵受精后，雌性就会将受精卵一股脑儿地全部吞进胃里。这种养育方式乍一看非常恐怖——为什么母亲将自己的儿女全都吃了？别担心，一切尽在掌握中。这些受精卵中含有一种名为前列腺素的特殊化学物质，它会让雌性胃育蛙的胃停止分泌盐酸，否则盐酸就会把这些受精卵分解并消化掉。当卵孵化出蝌蚪后，这些蝌蚪会继续分泌前列腺素，并在母亲的胃里继续成长。在这段时期，雌性胃育蛙无法进食，胃会膨胀变大，占据其体内的大部分空间，胃的重量达到其体重的40%。蝌蚪发育成幼蛙后，它们会被母亲一只一只地吐出来！遗憾的是，这两种胃育蛙在20世纪80年代由于一种入侵真菌而灭绝，此后自然界中再也没有发现这种独特的繁殖方式了。

白沙滩是由鱼的粪便堆积而成的

真的假的？真的。

大多数沙滩都是没有粪便的（除去那些生活在沙滩中的螃蟹、虫子和其他生物排出的粪便），但马尔代夫著名的白沙滩却是由鱼的粪便堆积而成的。换句话说，鱼粪是这些白沙滩的主要成分之一。并非任何鱼的粪便都能形成这种沙子，这些沙滩都是隆头鹦嘴鱼（*Bolbometopon muricatum*）的杰作。这种体形巨大的绿色鱼类主要以珊瑚为食，珊瑚中含有一种藻类，是大多数隆头鹦嘴鱼的食物来源。隆头鹦嘴鱼会先用嘴将珊瑚的一小部分咬下来，再用它独特的咽齿将珊瑚碾磨成粉，消化掉其中的藻类后将珊瑚残渣排出体外。之后，这些细小的珊瑚残渣被冲上岸，造就了马尔代夫闻名遐迩的白沙滩。每条隆头鹦嘴鱼每年可以通过这种方式产生90千克沙子，因此可以说，马尔代夫的白沙滩上有超过85%的沙子在历史上的某个时刻经过了鹦嘴鱼的肠道。当你去马尔代夫旅游并躺在那美丽的沙滩上时，一定要记住，如果没有这种特殊的鱼默默地贡献出它们的粪便，这样的美景就不会存在。

所有哺乳动物都有胃

真的假的？假的。

如果你认为所有的哺乳动物都需要用胃来消化食物，那你可就错了！你可能很早就知道鸭嘴兽（*Ornithorhynchus anatinus*）是一个颇为古怪的物种。首先，作为一种哺乳动物，它们竟然是卵生的。其次，它们居然长着像鸭嘴一样的喙。再次，它们居然还能分泌毒液。你没看错，那些让人想抱在怀里的毛茸茸的可爱鸭嘴兽——至少是雄性鸭嘴兽——是有毒的，它们的毒刺就隐藏在后肢上。相比之下，不太为人所知的一点是，鸭嘴兽没有胃。实际上，所有的单孔类动物（那些会生蛋的哺乳动物，包括针鼹鼠在内）都没有胃。胃是消化系统中的一个器官，它通过胃腺产生胃酸和胃蛋白酶来帮助分解食物。而鸭嘴兽没有这个器官，它们的食道直接连着后肠。据说鸭嘴兽的祖先是有胃的，但在进化过程中逐渐退化了，原因可能是它们的饮食并不需要胃蛋白酶这种只在酸性环境下工作的生物酶参与消化。除此之外，还有一些没有胃的动物，它们的饮食当中通常有很高比例的白垩或石炭纪标志性的碱性矿物质，比如隆头鹦嘴鱼，这种饮食结构使得胃酸会被食物中含有的碱性物质中和，胃酸也就失去了存在的意义。

你可以从太空中看到企鹅的粪便

真的假的？真的。

企鹅的粪便这种散发着鱼腥味儿且臭不可闻的物质，对探索企鹅的各种秘密具有非常重要的意义。2009年，借助先进的卫星技术，英国南极调查局的科研人员在研究南极冰川流动的时候发现一大堆棕色的东西。没错，那就是企鹅的粪便。科研人员在对比他们研究的某一块企鹅栖息地的卫星图像时，无意间发现了这堆“宝藏”，他们随即意识到这些冰冻的粪便可以为他们研究帝企鹅栖息地提供非常重要的线索。利用这一手段，他们顺藤摸瓜地发现了另外10多个帝企鹅栖息地，共计上万只企鹅。自此，科学家利用卫星在数年内成功发现的帝企鹅栖息地数量增加了约50%，已知的栖息地数量几乎翻了倍。近几年，随着卫星成像技术日渐成熟，科学家甚至能够估计每个栖息地的企鹅密度，即测算出每个栖息地的企鹅数量。

上述这些并不是企鹅粪便能揭示的所有秘密。通过提取沉积物岩心和观察每年的企鹅排粪量，一个科学家团队成功地发现，南极阿德利岛上的一处巴布亚企鹅（*Pygoscelis papua*）栖息地，曾三次因为火山的频繁活动而险些覆灭，把这里称作“企鹅版庞贝古城”也不为过。

蜜蜂幼虫只排一次便

真的假的？真的。

蜜蜂（*Apis*）中的工蜂是不会在自己的巢穴里排便的，它们更倾向于在蜂巢外释放自己身体里的“库存”。如果它们因为天气太冷而被困在蜂巢里一段时间，只要气温一回升我们就能在蜂巢附近看到明显的蜜蜂排便的痕迹。不过，缺乏飞行能力的蜜蜂幼虫根本无法出门，只能在蜂巢里活动，这意味着它们不能出去排便，这可怎么办？蜜蜂幼虫的食量很大并且生长迅速，它们在幼虫期会进食约1 600次，体重会增加1 700倍！就如同我们之前提到的，“有进必有出”，那蜂巢里岂不是一团糟？幸运的是，蜜蜂在幼虫期只排一次便。并不是这些幼虫不想排便，而是它们根本无法排便。在蜜蜂幼虫期的大多数时间里，它们体内消化系统中的两个部分——中肠和后肠——还没有连接在一起，所以它们体内的粪便根本无法排出体外。这种状况直到它们进入蛹期前不久才会有所改观。在蛹期，幼虫会被包裹在蛹里，从幼年期迈向成熟期。在幼虫进入蛹期前不久，中肠和后肠会连接在一起，它们终于可以排便了。对蜂巢环境来说幸运的是，保育蜂或者一部分年轻的工蜂会负责清理这些幼虫的粪便，以迎接下一批即将到来的新生命。

袋熊能拉出正方体的粪便

真的假的？真的。

我相信任何一个小时候用模具制作过黏土玩具的人都知道，将黏土塞进模具里然后倒出来，黏土就会变成和模具一样的形状。那么袋熊（*Vombatidae*）能拉出正方体的粪便，是不是因为它们的屁股出口也是正方形的呢？事实并非如此。袋熊是一种植食动物，食物会在其消化系统内停留很长时间，最多可达18天，这意味着粪便在袋熊体内有很长时间脱水并变得紧实。在粪便刚刚进入大肠（即近端结肠）时，其形状就因为肠道内部的褶皱挤压而被塑造好了。而大肠的末端（即远端结肠）的肠壁相对光滑，所以粪便的形状可以一直保持不变。关于袋熊粪便的最神奇之处可能是，这种方形粪便其实是一种进化适应的表现！袋熊的嗅觉灵敏度胜过它们的视觉，所以它们会将自己的粪便排放在诸如石头或树桩上，以此标记自己的领地。袋熊一天之内最多可以拉出100块粪便，正方体的形状能有效防止粪便滚落。所以，袋熊拉出的粪便越方正，它们就越能有效地标记自己的领地。

秃鹫的粪便能够杀死细菌

真的假的？假的。

秃鹫排便时不会避开自己的双腿，它们不但会向腿上排便，还会排出许多。和其他鸟类一样，秃鹫的排泄物混合了粪便和尿液，因此是液态的。长期以来坊间流传的一则谣言是，秃鹫之所以往腿上排便，是因为它们成天站在动物的尸体上，腿上难免会沾染许多细菌，而它们排泄物中的物质能够有效杀灭细菌。这绝对是一种错误的认知，实际上，秃鹫的排泄物本身就含有一大堆细菌，其中许多细菌都会导致其他动物感染生病。研究人员甚至在秃鹫的粪便中发现了梭菌属细菌（*Clostridium*），这是一类非常恐怖的细菌，造成肉毒中毒和破伤风的病菌都是这一属的。研究认为，这些细菌能够帮助秃鹫有效地消化食物。秃鹫拥有一套非常强大的消化系统，正是凭借这套消化系统它们才能食用并消化动物的腐肉，所以生活在秃鹫体内的细菌也十分强大。不过你也不用担心，一般情况下我们不会被秃鹫传染致病，除非你真的去吃秃鹫的排泄物。（在此，我们郑重声明：千万不要吃秃鹫的排泄物！）事实上，秃鹫通过消除环境中的腐肉，能有效地帮助防止炭疽病等疾病传播。

那么，为什么秃鹫会向自己的腿上排便呢？原因在于，秃鹫不会流汗，它们需要另外一种能够有效降低体温的方法。它们双腿的皮肤表面布满了血管，将液体排泄物直接排在腿上，液体蒸发时就能有效地带走热量，使它们的体温保持正常。

树鼩把猪笼草当卫生间用

真的假的？真的。

有一类食肉植物被统称为猪笼草，它们将叶片进化成诱捕陷阱，用其困住并杀死猎物。这类植物拥有一种杯状叶片，其内部装满用于消化猎物的消化酶，叶片上方覆盖着用于诱惑猎物上钩的诱饵。在大多数情况下，不幸落入猪笼草的陷阱并被消化掉的猎物都是昆虫。然而，有一些猪笼草却走上了进化的另一个方向，它们不想食用猎物，只想获得足够的氮元素来维持生命所需。这些猪笼草获取氮的方式是，为它们的“目标客户”提供一个理想的卫生间。科研人员发现猪笼草属（*Nepenthes*）有三种以此为生的物种，它们都为一种叫作山地树鼩（*Tupaia montana*）的动物提供可以边拉边吃的豪华卫生间兼补给站服务，以此获取树鼩的粪便来维生。与其他猪笼草不同，这些猪笼草没有那种易于让猎物滑落的光滑内壁，取而代之的是，它们的叶片开口和树鼩的肛门尺寸吻合，便于树鼩将其肛门对准猪笼草的开口。此外，这些猪笼草能分泌大量花蜜诱惑“客户”上门，其结构也更加坚固，能够承受树鼩的体重（谁愿意在上厕所上到一半的时候遭遇马桶垮塌的惨剧呢）。树鼩甚至会用它们的生殖器摩擦这些猪笼草，以此标记自己的专属卫生间（兼补给站），以便下次继续光顾。在这里，我们有必要提醒一下你，不要向树鼩学习，很多猪笼草物种如今都已濒临灭绝，它们本身也极其脆弱，所以千万不要尝试把它们当作你的马桶。

马不能呕吐

真的假的？真的。

反胃，作呕，喷薄而出，翻江倒海……所有这些看了就让人五味杂陈的词，都对应着一个医学名词——呕吐。当我们呕吐的时候，我们的胃会受到腹部和膈肌的挤压，胃里的食物和其他东西就会随即“倾泻而出”。之所以会发生这种行为，主要是因为我们的身体想避免我们中毒，或是因为我们的胃受到了强烈刺激。然而，马这种动物不能呕吐。相比人类，马的食道底部那个连接食道与胃部的阀门异常发达，致使食物无法从它们的胃逆流到嘴里。除此之外，马的胃所在的位置也非常特殊，它不在腹腔里，而在胸腔里，受到肋骨的完美保护，因此马的胃不会受到腹肌挤压。马的呕反射也很弱。呕反射是一种神经通路，控制动物需要呕吐的反射行为。呕吐可不是什么愉快的经历，所以你可能会认为“做一匹马也不错”。但实际上这种缺陷会导致很多问题发生，尤其当马吃下有问题的食物（比如草茬）时，会因为不能呕吐而腹部剧痛肿胀，这被称为疝气。这种情况会带来非常严重的健康问题，有时甚至会致命。不能呕吐的现象在哺乳动物中很少见，但在啮齿动物中很常见。幸运的是，啮齿动物进化出了一种神奇的能力来辨别食物是否有毒。

白蚁会利用粪便帮助自己呼吸

真的假的？真的。

你可能觉得秃鹫用粪便来降低体温挺恶心的，如果你知道了白蚁使用自己粪便的目的，那么你可能会觉得更恶心。白蚁是一种会堆土堆的神奇生物，一些白蚁为了建造巢穴甚至能挖出超过一吨重的土壤，它们的巢穴深度也能达到惊人的6米！白蚁并不会居住在地面上的那个土堆里，而是居住在土堆之下，一个巢穴中的白蚁数量可能超过百万。白蚁巢穴的结构非常复杂，包含纵横交错的隧道和通道，以此实现巢穴中的气体流动，让生活在地下的白蚁能够呼吸顺畅。白蚁的粪便在建造蚁穴的过程中起到了不可或缺的作用。对一些种类的白蚁而言，比如收获者白蚁（*Microhodotermes viator*），粪便是它们建造蚁穴的主要建筑材料，它们会用唾液将这些粪便粘在一起。其他一些白蚁会利用自己的粪便建造巢穴，是为了利用粪便促进那些有一定抗菌性的细菌在其中生长繁衍，从而杀灭那些可能会导致白蚁领地感染的病原体。以上这些并不是白蚁粪便能够起到的全部作用。在白蚁的巢穴下方一般会有一个体积最大的空间，即菌圃，在这里白蚁会用粪便搭建出一些结构，然后在其中培养真菌。真菌能够帮助白蚁分解粪便中的木屑和纤维素，将其转化为白蚁能够消化吸收的营养物质。

兔子会吃掉自己的粪便

真的假的？真的。

没错，可爱的兔子会吃掉自己的粪便。这到底是为什么呢？兔子是一种后肠发酵的动物，也就是说，它们吃下的食物会在盲肠中被分解，而盲肠位于它们消化系统的末端。但是，在兔子的消化系统中负责吸收营养物质的器官是胃和小肠，当食物在盲肠被消化的时候早就错过了胃部和小肠。于是兔子进化出了一套非常独特的解决方案，它们会在盲肠里产生一坨富含营养的粪便——盲肠便，排出后兔子会把这坨粪便重新吃下去，以便吸收其中的营养元素。兔子不是唯一一种有食粪行为的动物。鸟、狗、豚鼠、考拉、熊猫和大象都是常见的会吃粪便的动物。你应该能想到，外形和兔子相当接近的豚鼠吃粪便的理由类似于兔子，而对考拉、熊猫和大象的崽儿而言，吃它们母亲的粪便是它们成长过程中非常重要的一环，因为它们需要以此获得母亲的肠道菌群，这样才能拥有消化植物的能力。狗和其他食粪动物不大一样，首先狗是肉食动物，其次它们获取营养的方式并不是吃粪便。如果你家的宠物狗出现了食粪行为，那很有可能是因为它的日常饮食中缺少了某些东西。

如果蝎子选择断尾求生，它们将死于便秘

真的假的？真的。

断尾求生是某些动物面临威胁时的一种反应，常见于蜥蜴类。但是，最近的一些研究表明，有14种蝎子（*Ananteris*）也具有断尾求生的能力。对蜥蜴而言，断尾的代价是失去一部分脂肪储备，移动速度变慢，传宗接代的可能性降低，以及社交地位下降（但是，用这些损失换回一条命，这仍是一笔不赔本的买卖）。不过，在蝎子为了逃避捕食者而选择断尾求生之后，它们最多只能活8个月左右。不同于蜥蜴，蝎子的尾巴无法再生，而它们的尾巴中含有两个非常重要的器官——螫刺和肛门。失去螫刺意味着它们无法捕猎和自保，更要命的是，失去肛门导致它们失去了排便能力。体内的代谢废物将逐步积累，致使蝎子的腹部膨胀和残存的尾部脱落。虽然这种情况听上去非常可怕，但事实上也没有那么不堪。因为蝎子一生中处于壮年的时间本就非常短暂，而且一辈子可能只有一次繁衍的机会，所以为了让自己的生命多出8个月而忍受便秘的痛苦还是值得的。

你的食物中可能有海狸香

真的假的？基本上是假的。

海狸（*Castor*）会通过其梨状腺分泌一种黄中带棕的化合物，也就是海狸香。它们会利用这种分泌物来标记地盘，并与其他海狸进行气味交流。尽管分泌这种香的腺体就长在海狸的肛门边上，但这种分泌物能发出一种类似香草的悦人气味，这种气味源于海狸由树叶和树皮组成的食谱。人类使用海狸香的历史源远流长，最早它被用来缓解头痛（这种香含有水杨酸，后者就是阿司匹林的主要成分）和焦虑，也被用于制作香水。它还会出现在食品添加剂里。但是，请不要着急把你家里的那些成分表里含有香草调味剂的食物都扔掉。毕竟人工收集海狸香的成本实在太高了，每年只能采集到约45千克的海狸香，相比之下，每年从香草荚中提取出来的香草味调料多达900 000千克。所以，尽管海狸香（这种东西可以食用，不会引发任何消化问题）有可能出现在你的食物中，但概率非常低。当然，概率低也并非完全不可能……

4 防御

大多数动物都有一套防御机制，因为一旦它们放松戒备，周围就会有很多捕食者想把它们当作盘中餐。最佳的防御手段当然是躲起来，永远不被天敌发现，但这显然不可能，因为动物需要觅食，也需要交配，而这些基本需求都会让它们面临被天敌捕获的风险。不少动物遵循着“最好的防御就是进攻”的原则，想方设法地让天敌吃到苦头，进而吓退对方。人们或许认为某些动物和某些物种颇具攻击性，在大多数情况下其实是因为我们侵犯了它们的领地，它们的攻击性行为是被逼入绝境后不得已而为之。这就是为什么我们建议在观察野生动物时保持安全距离，无论它们看上去是否温顺。

动物通过进化产生了各种有效应对捕食者的方法，比如，有些眼镜蛇（*Naja*）能够将毒液射出体外两米远，有些毒液甚至能够致盲。有些动物（比如，蜥蜴、蝾螈，还有一些哺乳动物）被捕食者抓住之后，会选择自断求生法，舍弃能够再生的尾巴等部位，换取生存的机会。有些动物则通过舍弃其他附属器官甚至内脏来求生，而这些器官日后还能够再生！对大多数动物来说，最糟糕的情况莫过于身处捕食者口中。即便如此，有些动物也不会放弃抵抗，它们会分泌一些让捕食者难以下咽的或有害的毒液，防止捕食者将它们吃掉。

在这一章里你将会看到动物进化产生的最奇葩的求生套路，也能读到一些关于动物防御机制的谣言。变色龙到底为什么能够变色？幼蛇的毒性是不是比成年蛇更强？胡蜂是不是对人类有某种特别的不满情绪？到底什么是“长腿叔叔”蜘蛛？

它们真的会伤害你吗？哪些动物会通过发射武器的方式来对抗捕食者？它们会不会对人类造成致命的伤害呢？有没有蜥蜴为了求生不仅会断尾，还会舍弃其他身体部位？蚯蚓的整个身体都能再生吗？蟾蜍会通过让我们手上长疣的方式来阻止我们抓它们，或者它们的皮肤中还隐藏着其他什么可怕的东西？动物的防御手段会误伤自己吗？鲨鱼是不是真的对癌症免疫？

变色龙是伪装大师

真的假的？假的。

变色龙（*Chamaeleonidae*）拥有非常多优秀的进化性状，比如，它们的眼睛可以旋转180度，它们的舌头与身体的比例是动物界之最（前者长度是后者的两倍）。此外，它们的舌头能以每秒26倍于体长（约为每小时21千米）的速度弹出，同时分泌一种黏稠度为人类唾液的400倍的黏液，粘住那些被它们的舌头击中的猎物。但是，最为人所知的还是变色龙改变身体颜色的能力。

变色龙是通过其身体上那层有颜色的皮肤来达到变色效果的，但它们并非为了融入周围的环境而变色。它们皮肤的颜色实际上反映了它们的心情或体温。变色龙体表的最外层皮肤中含有虹细胞，其中的纳米晶体可以调整排序。当变色龙兴奋的时候（比如，当雄性变色龙遇到了其他雄性竞争对手时），这些纳米晶体的排列就会变得松散，从而折射出波长较长的光（如红色光或橙色光）；而当它们放松下来的时候，这些纳米晶体的排列则会变得紧凑，从而折射出波长较短的光（如蓝色光）。

幼年毒蛇比成年毒蛇更危险

真的假的？假的。

如果你曾身处有毒蛇出没的环境之中，你很有可能听说过这样一种说法：幼蛇比成年蛇更加危险，因为幼蛇无法控制注入的毒液量。这种说法流传甚广，很多博物节目都会提到它，你可能一直以来也信以为真。但这的确是一则彻头彻尾的谣言。事实上，迄今为止没有任何令人信服的科学证据可以证明，毒蛇（无论年长或年幼）能够控制它们注入猎物体内的毒液量。在某些情况下，毒蛇分泌的毒液量可能和它们咬的东西的密度有关。体形较小的毒蛇含有的毒液量一般少于体形较大的毒蛇，所以，即便是体形较大的毒蛇轻轻咬了猎物一下而注入的毒液量，也比小毒蛇狠狠咬上猎物一口而注入的毒液量要多。对许多毒蛇来说，比如澳大利亚的拟眼镜蛇（*Pseudonaja*），其毒液的毒性会随着它们年龄的增长而不断增加。

蛇不会主动招惹你（和我们后文会说到的胡蜂一样），在大多数情况下，它们只在感觉受到威胁时才会发动进攻。所以，无论你面对的蛇是大是小，都一定要心怀畏惧，这才是确保你安全的最佳方法。

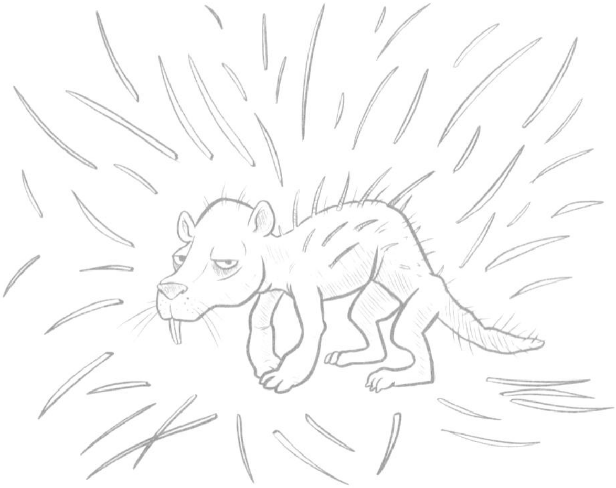

豪猪可以把身上的棘刺射出去

真的假的？假的。

豪猪有两个科，其中一科被称为新大陆豪猪（*Erethizontidae*），生活在北美洲和南美洲；另一科被称为旧大陆豪猪（*Hystricidae*），生活在欧洲、非洲和亚洲。豪猪最为人所知的就是它们披挂全身的棘刺了，这些棘刺由鬃毛进化而来，长达35厘米，表面包裹着一层角蛋白。一头豪猪身上最多能长大约30 000根棘刺，这些棘刺不仅可以起到防御作用，还可以帮助我们辨识这两类豪猪。新大陆豪猪的棘刺与体表的毛发掺杂在一起，末端带有倒钩；旧大陆豪猪的棘刺是一束一束生长的，末端没有倒钩。如果你认为豪猪可以把身上的棘刺射出去，有这种想法的绝对不是你一个人。亚里士多德也是这则谣言的散布者之一，它已经流传了近2 000年。当豪猪受到威胁时，它们会将体表的棘刺竖起来，这些棘刺一旦被触碰到就很容易从豪猪身上脱落，有的棘刺甚至在豪猪抖动身体时也会脱落。这些容易脱落的棘刺，可能就是导致这则谣言产生的主要因素。不过话说回来，即便豪猪并不具备将棘刺射出去的能力，我们也最好保持安全距离来观察它们。

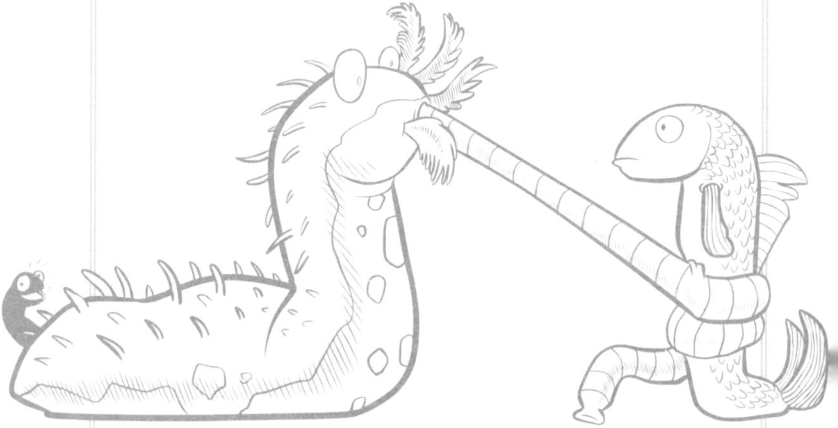

海参会把肠子一股脑儿地喷向捕食者

真的假的？真的。

想象一下，你是一只生活在海底的黄瓜形状的无脊椎动物，属于海参纲（*Holothuroidea*），还有一个俏皮的外号“海黄瓜”。有一天，你正悠然自得地从海床的泥巴和岩屑中汲取养分，突然一只海星杀了出来，摆出一副要把你生吞活剥的架势，你该怎么办？作为一只海参，你的移动速度相当缓慢，根本没机会从海星面前全身而退。于是，你将自己的肠子一股脑儿地喷出体外，射向海星。或者，你也可以选择将你的呼吸树（相当于人的肺）或性腺喷出体外——这取决于你到底是哪种海参。

海参拥有一种特殊的结缔组织，能够变软或变硬。这种组织平日里能够帮助海参在波涛汹涌的大海中保持它的身体“不散架”，或者让它的身体变得像液体一样柔软。当海参遇到威胁时，这种结缔组织会迅速软化，使得部分体壁变软，肌肉收缩，将体内器官朝着捕食者径直喷射出去。这看上去是一个非常荒唐的逃生计划，失去内脏不是很快就会死掉吗？别担心，海参拥有一种神奇的再生能力，能够让体内器官重新长出来。

有些种类的海参还进化出了创伤程度略低的逃生方法，它们拥有一种被称为居维叶管的细管状结构，在遇到危险时将这种黏稠的细管从肛门喷出，从而困住捕食者。

“长腿叔叔”蜘蛛虽然致命，但它们没法咬你

真的假的？假的。

这则流传甚广的谣言属于“买一赠一”的错误。“长腿叔叔”或“长腿爷爷”通常是指幽灵蛛（*Pholcidae*）或者更常见的盲蛛（*Opiliones*）。幽灵蛛确实长着毒牙，也可以咬人。但幽灵蛛的毒牙较短，尺寸和棕色隐遁蛛（*Loxosceles reclusa*）的毒牙差不多，所以幽灵蛛的毒液不会对人类造成伤害。盲蛛其实不是蜘蛛（虽然它们是蛛形纲动物），它们不具备蜘蛛的两个典型特征，盲蛛既没有分段的腹部，也不会吐丝。盲蛛没有毒液腺，所以它们基本无法伤害人类。相比毒牙，它们的口器（又叫螯肢）的外形和功能更接近于爪子，其强度也无法刺穿人类的皮肤。更离谱的错误还有，“长腿叔叔”这个名字有时会被用于指代大蚊（*Tipulidae*），而这种动物根本不是蛛形纲的成员（它们也是无毒的）。

鲨鱼不会患癌症

真的假的？假的。

鲨鱼（*Selachimorpha*）不会患癌症的谣言一直以来都被用于证明鲨鱼是一种几乎没有弱点的捕食者。鲨鱼和其他软骨鱼纲（*Chondrichthyes*）的鱼类一样，拥有一身由软骨而非硬骨构成的骨架。科研人员确实发现软骨细胞能够产生一种蛋白质，这种蛋白质可以抑制血管的生长（软骨中是没有血管的）。治疗癌症的方法之一就是抑制肿瘤中的新血管生长，以剥夺肿瘤获取氧气和营养的能力，让肿瘤无法代谢废物。但是，这并不意味着鲨鱼不会患癌症，事实上它们可能会得软骨癌或软骨瘤。尽管目前来看有记录的鲨鱼患癌症的概率较低，但这可能仅仅是因为关于鲨鱼癌症发病率的研究非常少，而非鲨鱼天生对癌症免疫。不幸的是，这则谣言让鲨鱼深受其害，很多人误以为鲨鱼的软骨能够预防或治愈癌症，很多鲨鱼因此遭到人类的残忍捕杀。

气步甲能从屁股中射出酸液

真的假的？真的。

我们在《动物的“屁”事儿》中提到过一种叫作鳞蛉的昆虫，还有它们放出的致命臭屁。在放屁这个领域里鳞蛉并不孤单，其他一些昆虫的屁股里也有一座“军火库”（如果你乐意，可以把它们叫作“屁火库”）。气步甲（*Carabidae*）的体内存有对苯二酚和过氧化氢这两种化学物质，当气步甲受到威胁时，这两种物质就会在它们的腹部的一个腔体内混合，随后这种腐蚀性溶液会伴随着氧气经由位于腹部偏后或者末端的臀腺有节奏地喷射出体外（频率可达每秒735次）。不仅如此，它们的臀腺还能像旋转炮塔一样，朝多个角度喷射这种酸性溶液，范围之广甚至可以覆盖气步甲脑袋前方的敌人。最糟糕的还不是被这种刺激性溶液击中，而是这种液体的温度高达100摄氏度。毋庸置疑，这种武器能够让任何一种潜在捕食者大惊失色。举个例子，当蟾蜍（*Bufo*）试图吃掉气步甲的时候，这种刺激性溶液会让蟾蜍反胃，从而将气步甲吐出来。有记录表明，有一只气步甲被蟾蜍吞下107分钟后仍然完好无损地“蟾口脱险”。很可惜，气步甲未能把这种爆炸式推进器用在飞行上。不过，目前科学家已经着手研究这种甲虫，希望能对改进航空推进器的设计有所帮助。

有的壁虎会脱个精光来逃生

真的假的？真的。

不得不说马达加斯加真是一个非常神奇的地方，它有时被称为“第八大陆”，因为在这个东非海岸线外的与世隔绝的岛屿上，生物多样性丰富得惊人。据估计，其中90%的动植物不存在于马达加斯加以外的任何地方（专业术语叫作“地方特有种”）。我们要说的这种壁虎也不例外，鳞虎（*Geckolepis*）浑身长着像鱼鳞一样的鳞片，它们只生活在马达加斯加。这种“呆头呆脑”的棕色壁虎乍看上去除了一身硕大的鳞片以外，似乎并无其他特别之处。事实上，它们拥有一套非常独特的防御机制，一旦被抓住，它们就会甩掉一身鳞片和最外层的皮肤，把自己脱个精光，看上去就像一根细小的粉红色“壁虎香肠”。这个过程可能听上去非常痛苦，但它们的鳞片就是为了脱落而进化出来的，所以鳞虎不会因此受到伤害（除了可能会因为赤身裸体而感到一丝尴尬或羞愧）。它们的鳞片会在接下来的几周内重新长出来，为下一次脱个精光做好准备。当然，这绝不是我们推荐给各位读者朋友的金蝉脱壳之计，这在我们人类身上不但毫无作用，还有犯罪的风险。

把一只蚯蚓切成两段，就能得到两只蚯蚓

真的假的？假的。

当我们打理自家花园时，经常会看见蚯蚓（*Megadrilacea*）在土壤里活动，有时候一不小心还会让蚯蚓和我们手上的铁锹发生一次“亲密接触”。这种事情发生后，我们可能会看到被切成两段的蚯蚓在不停扭动。但是，这并不意味着这两段可以分别长成一只蚯蚓，而是至多有一段可以再生成一只完整的蚯蚓。蚯蚓的确具有非常强大的组织再生能力。蚯蚓的头部是更靠近凸出的浅色生殖带（一个繁殖器官，能够形成卵茧）的那一端，有头的那一段身体或许能够再生出尾巴；而另一段虽然神经依旧活跃，可以扭动一段时间，但它不太可能再生出一个头。有趣的是，在实验室中，如果我们把一条蚯蚓从头到生殖带这一段中的某处（切口的位置不能超过第23节身体）切断，那么蚯蚓的下半身还是有可能再生出一个头的。虽然在无菌的实验室环境下可以实现蚯蚓头部的再生，但这只新蚯蚓往往会面临消化系统紊乱的问题，甚至长出两条尾巴来，以致无法存活。

蟾蜍会让人类长疣

真的假的？假的。

虽然蟾蜍和青蛙看上去似乎是两种完全不同的动物，但实际上蟾蜍是某些种类的蛙的统称。要知道，迄今为止生物界也没有确定哪些蛙应该叫蟾蜍，哪些应该叫青蛙。总的来说，蟾蜍的腿较短，皮肤相对干燥（当然，其中也有例外，比如前文提到的负子蟾）。大多数蟾蜍背上都有一些鼓包，但它们并不是疣。疣是指人类感染人乳头瘤病毒后，皮肤上长出的无害增生物。蟾蜍是无法携带和传播这种病毒的，我们之所以习惯性地把蟾蜍身上的那些鼓包称作疣，只是因为它们看起来像疣。事实上，蟾蜍背上的这些鼓包是腺体，在蟾蜍感到紧张时，腺体会分泌有毒物质，阻止蟾蜍被捕食者吃掉。所以，最好别伸手抓蟾蜍，除非你想帮助它们迁徙！最常见的大蟾蜍（*Bufo bufo*）会回到它们出生的水体中产下后代。遗憾的是，随着城市化的推进，它们“回家”的路上布满了各种人工屏障，比如公路、篱笆院墙和沟渠，严重阻碍它们回到自己的家乡。在英国的许多地方，野生动物保护组织的成员自发组建了蟾蜍巡逻队，帮助蟾蜍在回家路上越过障碍物。

胡蜂会故意找你麻烦

真的假的？假的。

每逢夏季你外出开心地享受野餐时，总会有胡蜂（*Vespidae*）不请自来，在一旁嗡嗡地骚扰你。更惹人厌烦的是，有时这种骚扰还会以胡蜂狠狠地蜇你一下并毁掉你的野餐告终。事实上，胡蜂的这种行为背后有其深层次的原因。胡蜂中的工蜂一生的大多数时间都忙于搜寻高蛋白的食物，比如腐肉或昆虫，来抚养巢穴里的幼虫。随着夏末来临，巢穴里的最后一批幼虫已经长大，这些工蜂便开始搜寻水果等含糖量较高的食物填饱自己的肚子。如果水果已经腐烂并且发酵，食用了这些水果的胡蜂就会产生醉酒反应，它们的行为也变得越发不稳定！面对这些醉酒的胡蜂，最好的方法就是无视它们，因为驱赶行为会激起胡蜂的反击，打死它则会导致它的尸体散发出一种特殊的信息素，招来其他胡蜂的群体攻击。科研人员发现，苹果和香蕉等水果中含有的某些芳香成分也会激起胡蜂的集体防御行为。除非你是寄生蜂的目标宿主，否则那些到处游荡的胡蜂并不是故意骚扰你，它们只是喝醉了，根本不知道自己的行为有多么愚蠢。

你可以通过舔舐蟾蜍获得快感

真的假的？真的。

自然界有各种各样的物质可以让不同的动物获得快感，比如，你可能听说过能让猫产生快感的猫薄荷。在漫漫历史长河中，人类曾经利用植物和化学物质获得快感，即我们通常所说的毒品。其中最诡怪的吸毒行为可能是舔舐蟾蜍的皮肤，主要涉及两种蟾蜍，分别是蔗蟾（*Bufo marinus*）和科罗拉多河蟾蜍（*Bufo alvarius*）。这两种蟾蜍的身体都会产生一种叫作5–甲氧基–N,N–二甲基色胺（5-methoxy-N,N-dimethyltryptamine）的物质，来避免它们被捕食者吞下。这种化学物质是一种血清素拮抗剂，能够先与血清素受体结合，再释放出大量血清素。血清素是一种能让我们感到快乐的化学物质，那些摄入了5–甲氧基–N,N–二甲基色胺的人，随着血清素大量释放，会产生强烈的幻觉。但是，这两种蟾蜍的皮肤上可不只是一种化学物质，而是多种有毒化学成分的混合，有的会让你呕吐不止，有的会让你心律不齐、癫痫发作，还有的会致死。虽然舔舐蟾蜍理论上来讲能让你获得快感，但你同时冒着猝死的巨大风险。所以，永远不要碰毒品！

有些蝾螈会为了抵御敌人而捅伤自己

真的假的？真的。

1879年，一位名叫弗伦茨·莱迪戈（Franz Leydig）的德国动物学家描述了欧非肋突螈（*Pleurodeles waltl*）身上的一种独有特征。当这种蝾螈受到惊吓时，身体两侧会出现几根锋利的尖刺，以此作为一种防御机制。这些尖刺不是别的，而是这种蝾螈的肋骨。它们将自己的肋骨向前旋转，刺破皮肤后伸出体外，让捕食者难以下咽。如果这样做还不能让捕食者退却，它们的皮肤就会分泌一种黏糊糊的有毒物质，它的味道很糟糕，其毒性足以杀死小型动物。用肋骨捅破身体以抵御捕食者的行为着实违背常理，毕竟伤口会增加它们感染细菌的风险。不过，两栖动物在修复皮肤损伤方面拥有十分出色的能力，它们的皮肤中还有专门的抗菌肽，能有效抵御病菌（无论是细菌还是真菌）入侵。因此，许多欧非肋突螈被送上太空参与实验研究。神奇的是，它们在太空中表现出来的自愈能力比在地球上还要强。

暴风鹱的呕吐物有致命危险

真的假的？真的。

暴风鹱（*Fulmarus*，暴风鹱属下有两个种，外形都很像海鸥）的食谱基本上是由各种海鲜组成的，当人类的渔船经过时，它们也很乐意将渔船上丢弃的海产品内脏吃得一干二净。当你知道它们的食谱后，或许不难想象它们的呕吐物到底有多恶心了。没错，它们的呕吐物是橘黄色的，十分油腻，有一股臭鱼烂虾的腥味。所以呕吐物成了暴风鹱雏鸟的绝佳自卫武器，当面临强敌入侵时，雏鸟会把呕吐物径直喷向对方，可怕又恶心的气味毋庸置疑会吓退对方。利用呕吐物驱逐捕食者并不是暴风鹱的独门绝技，其他一些鸟类，比如蓝胸佛法僧（*Coracias garrulous*）的雏鸟也会利用呕吐物自保。它们会将呕吐物涂抹在自己身上，当它们的父母回到巢穴时，看到或者闻到呕吐物就会知道危险降临。但是，暴风鹱的呕吐物最独特的地方在于，其中的油脂能够除去其他鸟类羽毛上的防水成分。这意味着中招的鸟类一旦羽毛沾上水就会被浸透，甚至会因此溺亡。

5 那些不恰当的名字

18世纪中叶，卡尔·林奈为标准生物命名系统奠定了基础，这种命名法沿用至今。世界上各种生物都被详细地分级归类，先是把所有生物划分成三大域。前两个是古菌域（*Archaea*）和细菌域（*Bacteria*），它们通常难以区分，因为其细胞膜内都缺乏真正意义上的细胞核。不过，我们还是可以通过一些特定的特征来区分它们，比如细胞膜和代谢途径。第三个是真核生物域（*Eukarya*），无论是单细胞生物还是多细胞生物，它们的细胞膜内都有细胞核。这三大域的生物又可以进一步划分为不同的界、门、纲、目、科、属和种。把最后的两个分类层级（即属和种）合在一起，就成了一个物种独一无二的名称，这种命名方式被称为双名法，也叫科学命名法。举例来说，我们人类叫作智人（*Homo sapiens*），属于人科（*Hominidae*），人科属于灵长目（*Primates*），灵长目在哺乳纲（*Mammalia*）下，在哺乳纲之上的是脊索门（*Chordata*），再上一层是动物界（*Animalia*），最终归于真核生物域。

这一整套分类方法让我们能够给每个物种指定一个明确的名称。然而，物种还有常用名，虽然大多数时候我们并不知道这些外号从何而来，它们通常也不是固定地代指某一种生物。常用名是从日常语言中提炼出来的，明显比那些拉丁学名更朗朗上口。毕竟，相比“东南亚水虻”这个常用名，谁会愿意去说它的拉丁学名*Parastratiosphecomyia stratiosphecomyioides*呢。许多生物的常用名已经流传了上百年，所以今天我们说起它们时会觉得有些古怪，有时还会觉得有些粗鄙。

在这一章里你将会读到许多生物的常用名，虽然有些听上去有点儿名不副实，但它们真的都用错了吗？比如，角蟾是什么？电鳗真的有电吗？你在哪里才能看到“滑溜溜丁丁鱼”？“鼻涕水獭”整天都流着一行鼻涕吗？“尖叫犰狳”的叫声到底有多大？夜鹰只在晚上活动吗？“茎龟子”为何会得到这样一个名字？蓝脚鲣鸟是唯一一种给子女哺乳的鸟类吗？双壳河蚌的英文外号意思是“大坨屎”，是不是因为人们经常能在马桶里看见它？到底哪种熊猫才是真正意义上的熊猫？螳螂虾的名字源于它一半是螳螂一半是虾吗？黑寡妇蜘蛛真的“蛛如其名”吗？珊瑚虫和珊瑚礁又是什么关系？

LIAR

电鳗是一种鳗鱼

真的假的？假的。

电鳗，顾名思义，肯定是一种鳗鱼，而且是带电的鳗鱼，对吧？错！好吧，也不能说全错，它们确实带电。不过，它们不是鳗形目（*Anguilliformes*）下的鱼类，而是电鳗目（*Gymnotiformes*）下的南美长刀鱼的一种（之所以叫长刀鱼，只是因为它们的身形很像一把刀，而不是说它们会提刀砍人）。所有的南美长刀鱼都有产生电场的能力，电压通常只有几毫伏，它们利用电场在泥水里导航并与同伴交流。在大多数情况下，它们的猎物是生活在河床上或河床里的小型无脊椎动物，放电能帮助它们更好地锁定猎物的位置，以及确定同类的位置。电鳗将这种放电能力发挥到登峰造极的地步，它们能产生860伏的高压电击，足以将猎物直接杀死。它们的猎物大多是无脊椎动物，比如甲壳纲，还包括鱼类和一些小型哺乳动物。当电鳗受到捕食者的侵扰时，这种放电能力能给对方造成巨大的痛苦，有时受害者还包括我们人类。上面提到的这些并不是电鳗利用其放电能力可以做到的所有事情，生活在美国田纳西州水族馆中的一条名叫米格尔·沃森（Miguel Wattson）的电鳗，居然能利用它自己放的电来发送日常的推特信息。

角蟾是一种蟾

真的假的？假的。

这是又一个证明人类给动物起名毫无逻辑可言的典型案例。角蟾（horny toad）并非一种长角的蟾，更不是一种好色的蟾（horny在英语中既有“角状”的意思，又有“欲火中烧”之意。——译者注）。实际上，它是一种身上长刺的蜥蜴。角蟾的另一个名字为角蜥蜴（*Phrynosoma*），是一个包含17种北美蜥蜴的属。这种动物最令人啧啧称奇的是其独一无二的防御手段，它们会将自己的血液从眼下的一个囊袋（眼窦）里喷射出来，并直接射入敌人的嘴巴。有趣的是，角蟾在面对不同的敌人时会采取完全不同的防御手段。喷血的方法一般会被用来对付犬科（比如狐狸和郊狼等）和猫科（通常是美洲山猫和家猫等）动物。如果对手是蛇或走鹃，角蜥蜴就会让身体充气膨胀，增大自己的体形，让自己变得难以下咽。

那么，当我们人类靠近角蟾时，它们会做何反应呢？它们很有可能撒腿就跑，如果你抓住了一只角蟾，那么它很有可能充气膨胀，并发出嘶嘶声。它们之所以把喷血这招专门用于对付犬科和猫科动物，是因为它们的血液里含有一种特殊的化合物，能够和这两科动物的味觉受体结合，让它们尝到一种恶心的味道。不过，这招对于其他动物（包括我们人类）则毫无作用。至于我们是怎么知道的？好吧，科学家亲口尝过，这也算是我们以科学的名义做过的“荒唐”事之一吧。

有一种甲虫名叫“茎龟子”

真的假的？真的。

甲虫（*Coleoptera*）真的是一类奇怪的生物。前文提到的气步甲能放爆炸屁，稍后你还会看到有些甲虫低调地伪装成蚂蚁屁股。它们的名字同样古怪，比如鳃金龟属（*Melolontha*）的甲虫在英语中被称为“涂鸦虫”或“五月虫”，甚至有人把它们叫作“茎龟子”（cockchafer，cock在英语俚语中有“阴茎”之意，chafer意为“金龟子”。——译者注）。五月虫这个名字其实非常直白，因为这类甲虫通常在春末夏初出来活动，也就是五月左右。涂鸦虫的名字来自它们看似毫无规律的飞行轨迹，如同在空中随意涂鸦一般。至于“茎龟子”，你们可千万别想歪了，在古英语里“cock”会被用来形容动物体形庞大。

尽管鳃金龟有十分幽默的外号，但从农业角度说它们是害虫，农民并不想见到它们。在1320年的法国阿维尼翁城，人们把这种甲虫告上了法庭，并且判决它们只能在一片指定的保护区内活动，违者将被处死。大概是因为这些甲虫根本无法理解人类的语言，所以它们没有理睬这份判决，依旧我行我素。还有很多甲虫拥有稀奇古怪的名字，其中一些名字源于科学家诡异的幽默感（作为科学家，我们可以证明我们中的大多数人的幽默感都很诡异）。很显然，当有前辈大胆地给甲虫命名了一个“结肠属”（*Colon*）之后，想在这个属中发现新物种并为其命名的诱惑实在太大了，于是诸如“结肠属直肠种甲虫”（*Colon rectum*）和“结肠属恶心种甲虫”（*Colon grossum*）之类的恶趣味名字便纷纷出现了。

“鼻涕水獭”指的是那些感冒的水獭

真的假的？假的。

显然不是这样的。“鼻涕水獭”可不是指那些因为感冒而鼻涕不停流的水獭，它甚至不是一种哺乳动物的名字，而是一种大型水生两栖动物的外号。我们说的这种美洲大鲵（*Cryptobranchus alleganiensis*）有一堆令人惊讶的雅号，比如“地狱咆哮者”“泥浆里的恶魔”“泥地小狗”，以及“陈年烤意面”，最后一个名字可能是因为它们身体侧面层层叠叠的皮肤让人想到了烤意面。这种蝾螈从鼻子到尾巴的长度可达74厘米，体重可达2.5千克，排在中国大鲵（*Andrias advidianus*）与日本大鲵（*Andrias japonicas*）之后，成为世界上体形第三大的蝾螈。美洲大鲵生活在美国东部，从纽约州南部直到乔治亚州都能见到它们的身影，它们栖息在水流湍急的浅水里，白天会躲在岩石的阴影下，夜间出来捕食小龙虾和小鱼。在幼年期它们的身上长有鳃，但成年后会改用身体两侧的皮肤直接呼吸。不幸的是，这种呼吸方式使得它们非常容易受到外界环境的影响，因为它们需要待在非常纯净且含氧量高的水体里才能呼吸顺畅。近几十年由于栖息地不断缩小和水体质量下降等因素，美洲大鲵的数量也在不断减少。

“尖叫犰狳”得名于它们刺耳的尖叫声

真的假的？真的。

终于出现了一个恰如其分的名字！会尖叫的披毛犰狳属动物——长毛犰狳（*Chaetophractus vellerosus*）主要生活在阿根廷潘帕斯地区、玻利维亚和巴拉圭，以昆虫、爬行动物、小型哺乳动物和植物为食。捕猎时它们会将脑袋扎进沙土里，发现猎物之后会立刻旋转身体，在地上打一个洞，并将沙土深处的猎物吃掉。这种犰狳体形较小，体长只有38厘米左右，身上有犰狳家族的醒目特征——覆盖在皮肤外的一身“盔甲”。这身盔甲是由它们的皮质骨形成的，外面罩着一层特殊的骨状鳞片结构，叫作鳞甲。披毛犰狳属包括三个物种，它们的鳞甲缝隙中都会长出又长又厚实的鬃毛并覆盖全身。犰狳的鳞甲最早用于抵御捕食者，但时至今日它们中只有九带犰狳（*Dasypus novemcinctus*）能将身体蜷缩成一个球，并充分利用这身盔甲来保护自己。其他大多数犰狳的自保方法基本上就是逃跑，或者将它们的身体埋进沙土里防止被吃掉。长毛犰狳有一套非常独特的防御机制，它们受到威胁时会发出刺耳的尖叫声，直到脱离危险叫声才会停止。

你在海里能找到“滑溜溜丁丁鱼”

真的假的？真的。

我们说的这种“滑溜溜丁丁鱼”（*Halichoeres bivittatus*），其实是一种生活在大西洋西部热带浅水海域的隆头鱼。它们在英语国家中的常用名是滑溜溜丁丁鱼（slippery dick），一般生活在靠近海岸的浅礁和海草床附近，活动范围最深约为30米。这种鱼之所以会获得这个响亮的外号，是因为它们有躲避捕捞的超强能力，可以轻松地从渔网里或人们的手中滑脱出来，甚至有报道称它们能从鱼缸里一跃而出。隆头鱼的性别并非一生不变，滑溜溜丁丁鱼也不例外，但和小丑鱼相反，隆头鱼是从雌性变为雄性。雌性隆头鱼的体形和年龄较小，当它们长到更大的年龄和体形之后，就会变成雄性，这在生物学上被称为雌性先熟雌雄同体。滑溜溜丁丁鱼可不是隆头鱼拥有的唯一让人摸不着头脑的外号，其他外号包括“极品美洲豹隆头鱼”“布丁太太鱼”“日灼猪头鱼”和“木匠闪光鱼”。而“wrasse”（隆头鱼）这个词来自康沃尔语的“wragh”，其意为“老巫婆”。多么美妙的名字啊！

夜鹰是鹰

真的假的？假的。

世界上至少有238种鹰（*Accipitridae*），但没有哪一种叫夜鹰。我们所说的夜鹰是一种体形中等的鸟，长着短小的喙、长而尖的翅膀和一双长腿，身体覆盖着类似树皮和树叶颜色的羽毛。虽然名叫夜鹰，但它们并不完全是夜间动物，在清晨和傍晚也会活动和捕捉飞虫。夜鹰是夜鹰科（*Caprimulgidae*）的成员之一，这一科的鸟类被统称为"鬼鸟"（说明一下，这些鸟既不是鬼，也不是只在夜间才出来活动。这个名字源于雌性在孵卵的时候，雄性会发出一阵阵的鬼叫声）。鬼鸟还有其他一些莫名其妙的外号，比如"吸羊鸟"，它们的拉丁学名"*Caprimulgidae*"的本义就是"挤羊奶的人"。关于"鬼鸟会吸羊奶"的错误印象和"豪猪会发射棘刺"的谣言一样，最早可追溯至亚里士多德的著作。但不同于豪猪的故事，亚里士多德一开始就知道这个说法不正确。要知道，鬼鸟对奶毫无兴趣——无论是羊奶还是其他动物的奶，它们是食虫动物。人们之所以常常看见鬼鸟出没在家畜周围，只是因为那些地方恰巧是飞虫集中的区域。不过，这则"会吸羊奶的鸟"的谣言还是传开了。

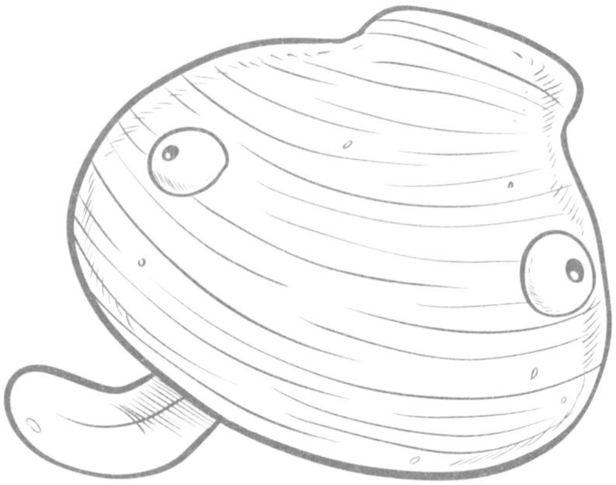

“大坨屎”是一种蚌

真的假的？真的。

如果你认为在这本充满各种动物的“屎”实的书里，我们会不提及和马桶里的漂浮物同名的蚌，那你就大错特错了。虽然“大坨屎”蚌（giant floater，拉丁学名为*Pyganodon grandis*）确实呈棕褐色或深棕色，看起来很像大便，但这并不是该蚌得此名字的真正原因。它们是一种体形较大的蚌，最大可达25厘米。和其他蚌一样，它们也是一种滤食动物，生活在河流、湖泊等各种水体的水底。虽然平时它们都沉在水底，但这并不代表它们没有漂浮能力。相比其他蚌，这种蚌拥有一副薄得多的外壳，所以它们有时也被称为“薄壳贝”。如果它们将气泡吸入壳内，就能浮上水面。它们还有其他一些外号，但我们几乎不知道这些外号的由来，比如“肥猪贝”或“铲泥贝”。

多个名字会带来一些问题：如果人们用的名字不一样，我们怎么知道他们说的是一回事呢？尤其是在研究蚌类的时候，它们在形态学和外貌上本就有很多变异和分化。比如，河蚌（*Anodonta cygnea*）的地域分布很广，全球各地都有它们的栖息地。因此，该物种在全世界至少有549种不同的名字（当然，河蚌这个名字还是比“大坨屎”悦耳）。

“笨蛋”是一种鸟

真的假的？真的。

外号叫“笨蛋”（booby）的鸟包括10种鲣鸟属（*Sula*）鸟类中的6种。其中，最广为人知的大概是蓝脚鲣鸟（blue-footed booby，拉丁学名为*Sula nebouxii*），如果说它英文名字的前半段“blue-footed”准确地描述了其最明显的特征——有一双蓝色的脚，那么它英文名字的后半段“booby”也有“乳房”的意思，难道说它像哺乳动物一样哺育自己的后代吗？并非如此。英文单词“booby”衍生于西班牙词语“bobo”，形容的是一种傻乎乎的样子。一种流传较广的解释是，以前在大海上航行的水手觉得蓝脚鲣鸟很笨，因为它们特别喜欢在船上落脚，水手们可以轻而易举地抓住它们并烹制成美餐。另一种解释是，它们走起路来摇摇晃晃，显得很笨拙。但是，这个名字肯定不是源于它们养育后代的方式。当然，在这样一本关于屎尿屁的书中，我们不得不告诉大家，蓝脚鲣鸟会用它们的粪便筑巢，也会将粪便排在自己的腿脚上，以此来维持体温。真是个笨蛋！

小熊猫是熊猫

真的假的？假的。

如果你亲眼见过小熊猫（*Ailurus fulgens*），那么你可能已经成功地猜到在这个名字里，有问题的不是“小”，而是“熊猫”。小熊猫不是熊猫，也不是熊，在血缘上它们更接近臭鼬、浣熊和黄鼠狼。小熊猫和大熊猫（*Ailuropoda melanoleuca*）只是同属食肉目（*Carnivora*）的远亲而已。不过，它们的确有一个共同点，那就是竹子在它们的饮食中都占据了非常重要的位置。有趣的是，“panda”（熊猫）这个词最早出现于19世纪中叶，而且用在小熊猫身上，并非大熊猫。这个词可能是从尼泊尔语衍生而来的，用来形容“吃竹子的动物”或“抓着竹子啃的动物”。直到20世纪初，在外形上和小熊猫有些相似的大熊猫被人熟知，这个词才被套用在了大熊猫身上。然而，熊猫如今成了大熊猫的专属名称。至于小熊猫，它们仍然拥有许多不准确的外号，比如红熊猫、猫熊，还有“火狐”。很显然，小熊猫既不是熊，也不是猫，更不像狐狸，身上也没有着火。

虾蛄是虾

真的假的？假的。

虾蛄拥有很多特质，比如，它们至少有450种，样貌看上去与众不同，让人印象深刻，它们是非常凶残的捕食者，也是自然进化过程中的一个奇迹。然而，它们不是虾；虽然它们也叫螳螂虾，但它们不是螳螂。虾属于十足目（*Decapoda*），其中包含许多美味的动物，比如小龙虾、龙虾、螃蟹和对虾；而虾蛄属于口足目（*Stomatopoda*）。这两目的动物都被归在软甲亚纲（*Malacostraca*）之下，这一纲中还包括等足类动物。

虾蛄的胸腔位置（身体的中间一段）长有第二对附肢，这对附肢将虾蛄分为两类，即穿刺型和粉碎型。前者包括虾蛄中体形最大的斑琴虾蛄（*Lysiosquillina maculate*），这种虾蛄擅长埋伏并伺机突袭猎物，以极快的速度用那对带有倒钩的锋利附肢穿刺猎物的身体，然后将它们拖入地穴中。粉碎型虾蛄的狩猎方式更加凶悍，其中包括颜色非常鲜艳的雀尾虾蛄（*Odontodactylus scyllarus*），它们有一对棒状的附肢，能够重创对手，攻击速度可达惊人的每小时80千米，力量能达到可怕的155千克力（约1 520牛。——编者注）。这些“拳击手”也会给人类带来不小的麻烦，因为它们可以轻易地打碎玻璃缸壁，杀死和它们共处一缸的其他动物。它们还有一个令人胆寒的外号叫作“拇指终结者”，关于这个名字背后的惨痛教训我们在这里就不多说了。

雌性黑寡妇蜘蛛会吃掉它们的伴侣

真的假的？（部分是）假的。

动物经常受人冤枉，并被冠以莫须有的罪名，黑寡妇蜘蛛便是其中之一。它们的名字本身就建立在误解之上，即雌性黑寡妇蜘蛛在交配时会直接将它们的伴侣吃掉。但事实证明，这个口口相传的“真相”其实是一则谣言，或者说至少被严重夸大了。世界上共有31种不同的“寡妇蜘蛛”（即寇蛛属，*Latrodectus*），其中最著名的包括黑寡妇、棕寡妇和红寡妇。对棕寡妇蜘蛛（*Latrodectus geometricus*）和澳大利亚红背蜘蛛（*Latrodectus hasselti*）来说，在交配时吃掉它们的伴侣就像一种义务，而且雄性蜘蛛会主动把它们的肚子奉献给雌性当点心。这种主动奉献肉体的行为虽然看上去有些古怪，但非常合理，因为只有这样雄性才能拥有最多的子嗣。相比那些“苟且偷生”的雄性，奉献出自己身体的雄性能让雌性因为进食而分神，从而延长交配时间，产下更多的后代。但对绝大多数的寡妇蜘蛛（比如美国黑寡妇蜘蛛）来说，雄性会选择在雌性吃饱后再交配，这样它们就能全身而退。蜘蛛并不是自然界中唯一会在交配过程中吞食伴侣的动物，雄性螳螂在交配时有1/4的可能性会被雌性吃掉。在交配季节，雌性螳螂的饮食中有60%是雄性螳螂。

珊瑚是一种石头

真的假的？假的。

如果你压根儿不知道珊瑚是一种海洋动物，别担心，你不是一个人。2 000多年来，无数哲学家、自然主义者和科学家都错误地将珊瑚归类为植物甚至矿物。实际上珊瑚的英文单词“coral”最早可以追溯至希伯来语或阿拉伯语，意为“小颗粒和小石头”。珊瑚实际上属于珊瑚虫纲（*Anthozoa*），由一大群叫作珊瑚虫的微小生物组成。珊瑚虫基本上是一种肚子上长有一张嘴巴和许多触须的小生物，它们会用触须麻痹猎物，以溶解在水中的分子、浮游生物和小鱼为食。虽然珊瑚也可以是软的，但许多人心目中的珊瑚都是一大块硬邦邦的物体，也就是那些充满生物多样性的珊瑚礁生态系统，比如澳大利亚的大堡礁。硬珊瑚有骨架，由碳酸钙堆积而成，这里也是一种会进行光合作用的藻类——虫黄藻的家园。虫黄藻居住在珊瑚礁中，为珊瑚虫提供氧气和养分，还能给珊瑚礁“涂”上缤纷的颜色。然而，随着全球气温的逐步上升，这种物种丰富的生态系统受到了严重威胁，珊瑚礁发生白化。虫黄藻被“拒之门外”，如果气温不能回落，珊瑚虫就会大量死亡。科学家一直在尝试人工培育珊瑚虫，但降低二氧化碳的排放量才是解决这个问题的根本方法。

6 在各种古怪的地方安家

许多生态学家都面临着同一个问题：动物到底生活在哪里？自然界中那些被动物占据的位置，其专业术语是生态位，生态位涉及食物、捕食者，以及动物栖息于此对生态环境产生的各种影响。如果我们聚焦更小的尺度，一种动物在自然界中生活的地方叫作栖息地，它可以是大草原、苔原、森林或是一片开满鲜花的草坪。这些地方能为动物提供食物、栖身之所，以及与同类社交或交配的场地。

动物栖息地数量众多。这些栖息地有大有小，可以是螨虫安在甲虫身上的小到人类肉眼看不见的家，也可以大到让人叹为观止，比如驼背鲸每年在海洋中的迁徙距离超过16 000千米。无论在世界的哪个角落，你几乎都能看到一些生生不息的动物群落，无论是在繁华的伦敦、纽约或北京，或者是在暗无天日的深海火山口、凛冽酷寒的南极冰川，还是在除了当地土著人以外无人问津的亚马孙雨林深处。生活在群落中的动物不断地进行着惊人的工作，它们一点一点地分解废物，一步一步地净化水源，调节植物群落并帮助它们授粉，甚至能够帮助其他动物繁衍后代。虽然我们身边从来不乏动物的踪影，但依旧有许多奇怪的谣言流传开来，而这些谣言背后的真相往往更引人注目。潜鱼为了躲避捕食者而躲藏在海参的泄殖腔内，武氏蜂盾螨藏身于蜜蜂的呼吸系统——虽然它们看上去似乎很小，但从比例上说它们的体积是蜜蜂的1/68（人类身上的螨虫只有人类体积的1/4 125）。你能够想象一只体积是你的1/68的螨虫在你的呼吸道里爬来爬去，是一种什么样的感觉吗？这个世界上有一种叫作夜蝙蝇（这个名字可是实实在在的，而不是夸张的外号）的昆虫专门栖息在蝙蝠体内。虽然上述动物的栖息地对你我来说一点儿也不合适，但对它们来说简直就是天堂。

在这一章里你将会了解到：一些物种的特点和栖息地之间似乎存在着某种矛盾，一些让人备感惊讶的动物之间的关系，以及一些看上去不那么亲密的关系。你也会惊讶地发现一些竟然存在动物或者竟然没有动物存在的环境，其中包括我们人类的体表和体内；还会了解此时此刻你周围有多少只老鼠藏身。

虽然鲨鱼在海里生活，但停止游动它们就会淹死

真的假的？假的。

当我们在生活中面临困境时，我们会不断劝说自己不要放弃。那么，是不是真如很多人以为的那样，鲨鱼必须不停游动才能活下去呢？鲨鱼为了从水中获得氧气，必须让水流不断地通过它们的鳃，但不是只有通过游动才能做到这一点。有些鲨鱼，比如铰口鲨（*Ginglymostoma cirratum*），通过头部两侧的肌肉（位置类似于我们的脸颊）运动进行“颊部抽吸”，让水流进入它们的嘴巴并流经鳃部，实现顺畅呼吸。有些鲨鱼则不具备这种能力，比如，大名鼎鼎的大白鲨（*Carcharodon carcharias*）只有通过张大嘴巴且不停地快速游动才能使水流经过鳃部，从而吸收氧气，这种方式叫作“撞击换气”。但是，这种呼吸方式并不代表它们就不能停下来休息，鲨鱼也有打盹的时候。举个例子，有研究人员发现鲨鱼会一动不动地待在水下洞穴（也就是睡鲨洞）里，那里的氧气溶解度非常高，这样鲨鱼就可以在里面休息。不仅如此，研究人员还发现鲨鱼是通过它们的脊髓而非大脑来协调身体游动的，所以鲨鱼很有可能可以做到边睡觉边游泳。

无论你身处何方，6英尺之内必有老鼠

真的假的？假的。

除非你在自己家养了一只老鼠当宠物，或是此时此刻你正在印度西部的克勒妮玛塔神庙（那里饲养了超过25 000只老鼠，老鼠被视为克勒妮·玛塔孩子的化身）里，否则你身边基本上不会有老鼠出没。老鼠很喜欢我们，其中的原因显而易见，那就是我们有食物。我们都知道，人类和老鼠这种啮齿动物的关系源远流长，老鼠会向人类传播疾病，其中最著名的鼠疫要数14世纪夺走2 500万人性命的黑死病了。但是，最近科学家发现，老鼠或许并不是这场瘟疫的罪魁祸首，寄生在人类身上的跳蚤和虱子更有可能是真正的元凶。

关于你身边总会有老鼠存在的谣言，很有可能始于20世纪早期的英国，一位名叫W. R. 博尔特（W. R. Boelter）的作者为了撰写《鼠患》（*The Rat Problem*）一书，走访了英国的众多村镇进行调研，根据调查结果，他估计英国当时存在的老鼠数量几乎和人口数量一致，约有4 000万只。然而，根据现代科学的估计，该地区的老鼠数量约为1 000万只，虽然这个数量也不少，但一些人认为其中70%的老鼠生活在乡村而非城市。而且，在有些地方就算你掘地三尺也很难找到一只老鼠，

比如，加拿大艾伯塔省被公认为无鼠省，最起码那里没有最常见的褐鼠（*Rattus norvegicus*）。因为从20世纪50年代开始，艾伯塔省进行了一系列非常严苛的灭鼠行动，从而消灭了大量的老鼠。

啮齿动物都是害虫，都生活在脏乱差的环境中

真的假的？基本上是假的。

凡是糟蹋我们的粮食、牲畜或是其他食物来源的生物，或者那些惹人厌的生物，我们都会称之为害虫。很显然，一些啮齿动物完全符合上述标准，它们会损毁我们的食物（你绝对不会想知道我们吃的食物里混进了多少啮齿动物的毛发），它们也会传播致命的病菌让我们或家畜患病，它们还会直接出现在我们的住所里肆意地搞破坏。不过，我们应该知道，人类也要对此负责，因为我们无意中帮助一些啮齿动物完成了它们自身不可能完成的长途迁徙。比如，黑鼠（*Rattus rattus*）被我们运送到一些新环境中，成为当地的入侵物种，致使这些地方尤其是一些岛屿上原来的“居民”——爬行类、鸟类或哺乳动物——陷入了灭绝危机。虽然这是某些动物造的孽，但啮齿动物集体背了黑锅。将近40%的哺乳动物是啮齿动物，它们分布在除了南极洲之外的世界各大洲，从沙漠到苔原，无论地下还是树上都有它们的栖息地。啮齿动物在自然界中扮演着不可或缺的角色，比如，它们会为植物授粉或传播种子，是食物链中的重要一环，或者是自然界中的建筑师（比如水獭）。为生态环境做出最卓越贡献的啮齿动物，或

许应该是体形最大的水豚（*Hydrochoerus hydrochaeris*）了。这种性情温顺淡定的动物经常任由其他动物（大多数是鸟类）骑在它们身上，并为这些动物提供柔软的坐垫和丰富的虫子大餐。

蛙喜欢和蜘蛛做邻居

真的假的？真的。

自然界中的共生是指两种不同的生物间产生互动，并且双方都从这种互动中获益。其中最常见的共生组合是植物及帮助它们授粉的动物（比如蜜蜂），这可以让植物实现交叉授粉，获得繁衍后代的机会，而动物则能因此饱餐一顿。有一种“非主流”的共生关系是猛蛛（*Mygalomorphae*）和姬蛙（*Microhylidae*）的组合。姬蛙是一种体形非常小的蛙，只有与它同居的蜘蛛大小的1/10，所以当它们一同出现的时候，谁也不会觉得这个组合般配。但事实上，猛蛛不仅会和姬蛙这种小到不够塞牙缝的动物居住在一起，还会通过姬蛙身上分泌的化学信号来辨认这种“宠物”。有人曾经观察到，猛蛛会将姬蛙捧在手心里并放到嘴边，但并不是为了吃掉它，而是想要仔细地观察它。养一只宠物蛙对猛蛛来说稳赚不赔，因为姬蛙会捕食打蜘蛛卵主意的蚂蚁；作为回报，猛蛛也会为姬蛙提供庇护，让它们免遭天敌的威胁。此外，猛蛛的卵吸引来的无脊椎动物，让姬蛙可以守株待兔地轻松捕食，猛蛛的残羹冷炙也能让姬蛙美餐一顿。纵使它们俩看上去不太般配，但在许多地方，包括秘鲁、斯里兰卡、印度和墨西哥等，都能见到这对组合的身影。

有些鱼会用寄生虫代替舌头

真的假的？真的。

当你张开嘴时突然发现自己的舌头尖不见了，取而代之的是一只鳖虫，这似乎更像噩梦中的场景（如果这一幕今晚出现在你的睡梦中，请接受我们诚挚的道歉）。然而，这一幕真实地发生在许多鱼类身上。等足类寄生虫（基本上可以理解为在大海里随波逐流的鳖虫）寄生在鱼的口腔中，其中一种让这个场景的恐怖指数达到了令人毛骨悚然的巅峰。缩头鱼虱（*Cymothoa exigua*）也叫食舌虫，其所作所为如同其名，即它们会吃掉鱼的舌头，尤其是墨西哥笛鲷（*Lutjanus guttatus*）的舌头。雌性食舌虫会顺着水流从鱼鳃进入鱼的口腔，用7对带钩的足死死地抓住鱼的舌头不放。随后食舌虫会把口器直接插入鱼舌的根部吸取血液，导致鱼舌干枯萎缩，最终彻底脱落。就这样，笛鲷的口腔中就只剩下食舌虫，它会彻底占据鱼舌的位置，并完全代替鱼舌发挥作用。比如，当鱼类进食的时候，它会把食物放在自己和鱼嘴的上颌之间将其研磨粉碎。这些雌性寄生虫甚至会利用鱼的口腔来繁衍后代，当后代被孵化出来后，雌性寄生虫就会将后代再次散播到海水中去寻找其他受害者。看到这里，你是不是咽了一下口水，还咂了咂嘴巴？

有一种甲虫会把自己伪装成蚂蚁的屁股

真的假的？真的。

将身体融入背景环境，是一种非常有效的躲避捕食者的手段。以拥有极其恰当名称的叶虫（*Phyllium giganteum*）为例，它们进化出了看上去和树叶一模一样的外观。诸如斑点蛾（*Biston betularia*）之类的昆虫，当它们栖息在树皮上时，身上的颜色能完全融入棕褐色的背景而毫无破绽。有一种特殊的甲虫（*Nymphister kronaueri*）则能佯装成其他动物，确切地说，是伪装成其他动物的屁股。这种甲虫利用它们的下颌将自身牢牢地固定在行军蚁（*Eciton mexicanum*）的腹柄和后腹柄中间，也就是蚂蚁的胸部和腹部中间的很窄的“腰”部。这种甲虫的大小、形状、颜色甚至是身上的纹理，都和行军蚁的腹部非常相似，以至于捕食者俯视时很难发现它们的身影。这种搭其他生物“顺风车”的行为被称为携播，虽然说将蚂蚁的屁股当作交通工具，想想都让人觉得“有异味”，但相比自己花力气辛苦地旅行，并且随时面临被吃掉的风险，还是冒充别人的屁股比较划算！

巨齿鲨依然存在并隐居在深海之中

真的假的？假的。

巨齿鲨是一种体形巨大的史前鲨鱼，我们从它们的牙齿和椎骨化石得知了它们曾存在于这个星球上。据现有证据推测，巨齿鲨发育成熟后体长可达10~18米，是现存体形最大的大白鲨身长的两倍多。巨齿鲨的牙齿化石宽度达11.5厘米，用这样的牙齿撕开小型哺乳动物的皮肉简直易如反掌。海洋极其广阔，据估计目前全球的大洋底部有95%的地方还处于未勘探状态。所以，这些史前巨兽是不是有可能隐藏在海底的某个地方继续生活呢？许多人认为这是有可能的，虽然海底隐藏着巨齿鲨的想法确实很有意思，不过我们可以非常负责任地告诉你，因为缺乏目击证据或遗迹，这种鲨鱼已经在地球上消失了至少100万年。而且，对那些大型海洋动物来说，可以肯定的是，它们死亡之后，至少一部分的尸体会被冲上海岸，这就是为什么我们能在海岸边看到鲸的尸体，但我们从未见过巨型鲨鱼的残骸。此外，巨齿鲨是一种沿海鱼类，这意味着它们生活的地方靠近海岸线，而这些地方已经被完全勘探过了。不过，我们否认巨齿鲨的存在并不意味着否认世界上存在神秘的深海生物，比如，很少有人知道喙鲸科包括一种柯氏喙鲸，有记录显示它们可以潜入3 000米以下的深海地带。

有些蜂的生命始于其他昆虫体内

真的假的？真的。

这乍听起来就像恐怖电影里的桥段：一只蜂将自己的卵注入另一种生物体内，之后幼虫孵化出来，并将这只可怜的动物从内到外啃食得干干净净。其实，这一幕在自然界中一直都在发生。世界上有超过600 000种寄生蜂会将它们的后代产在别的动物体内。雌性寄生蜂拥有一根细而尖的产卵器，也就是一根用于产卵的针管。不同种类的雌性寄生蜂选择的宿主也各不相同，选好后它们会将产卵器插入宿主体内，并注入受精卵，从受精卵中孵化的幼虫会从内到外地啃食宿主的身体。令人称奇的是，这些幼虫在宿主体内时可以左右宿主的行为，从而最大限度地让宿主做出有利于幼虫的选择。哥斯达黎加寄生蜂（*Hymenoepimecis argyraphaga*）的宿主是圆蛛科银腹蛛（*Leucauge argyra*），后者是一种会织圆网的蜘蛛。当这种蜘蛛体内被注入蜂卵后，寄生的幼虫从孵化出来的那一刻起就会操控蜘蛛编织一张特制的高强度蛛网，幼虫从蜘蛛体内杀出来后就会在这张蛛网上结茧。对我们来说幸运的是，这些蜂只会选择其他昆虫作为它们后代的宿主。更令我们欣慰的是，这些寄生蜂其实为我们人类做出了很多贡献：它们的目标宿主大多是对作物有害的害虫，它们的寄生行为极大程度上控制了害虫的数量，从而保护了我们的食物。

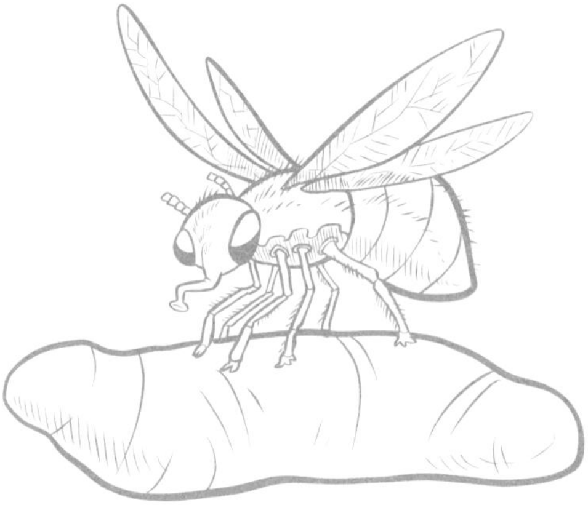

有些苍蝇终其一生都在粪便上生活

真的假的？真的。

有一种苍蝇叫作黄粪蝇（*Scathophaga stercoraria*），“蝇如其名”，这种拥有金黄色身体的苍蝇活跃在整个北半球的粪便上。对你我来说，一堆粪便无论如何也算不上一个宜居或养育后代的理想场所，但对雄性黄粪蝇来说这无异于天堂。雄性蝇在粪便周围闲逛，等待着雌性的到来。当雌性黄粪蝇到达后准备排卵时，为了获得和雌性的交配权，雄性蝇之间会立刻展开激烈的争斗。雌性黄粪蝇将受精卵产在粪便中后就会离开，只留下那些后代在这摊黏糊糊的粪便中慢慢成长。牛粪是许多昆虫的理想家园，每种昆虫都有一套独特的产卵方法，有的昆虫直接在粪便中产卵，有的昆虫把年幼的后代塞进粪便里；有的昆虫喜欢趁粪便潮湿的时候在其中产下后代，有的昆虫则等到粪便变得又干又硬时才会行动。有些苍蝇的行动速度非常快，在粪便还冒着热气时就开始产卵了，甚至在粪便还没落地时，一切早已安排妥当。雌性角蝇（*Haematobia irritans*）就是这样做的，它们平日里生活在牛身上，以吸食牛血为生，一旦牛准备排便了，它们就会迅速地冲向牛粪，真正做到在粪便还没离开牛屁股之时，就已经在其中产卵了。

有些藤壶能够控制螃蟹的精神和肉体

真的假的？真的。

当你看到藤壶这个名字时，你会想到什么？或许你会认为它们不过是一种长着白色壳的动物，海边遍地可见，主要附着在岩石或其他地方。这种体形很小的甲壳类滤食动物看上去不起眼，顶多是经常附着在船底上让水手觉得厌恶。但是，有一种藤壶却能对你进行可怕的精神控制，前提是你是一只螃蟹。这种藤壶叫作蟹奴（*Sacculina carcini*），它们幼年时在大海里随波逐流，一旦找到了合适的螃蟹宿主，就会立刻附着上去并开始下一阶段的成长。它们会把身体的一部分挤进螃蟹体内，随后其根状卷须会遍及螃蟹体内的各个角落，从中吸取营养，并且控制螃蟹的一举一动。一般情况下，螃蟹会把它们的卵藏在它们异化的脐下，确保这些卵能够吸收足够的氧气，躲避捕食者的袭击，直到小螃蟹孵化出来。但是，被蟹奴寄生的螃蟹则不会如此，它们会去孕育蟹奴的后代，蟹奴会在螃蟹的脐下产下一个包含其后代的囊袋，给螃蟹去孕育。雄性螃蟹本来并不会孵卵，但蟹奴可以操控雄性螃蟹去孕育其后代。蟹奴会切断雄性螃蟹性腺的血液供应，让它们失去雄性特征，并逐渐产生雌性性状，从而尽可能多地孕育藤壶后代。

蠼螋会在人的耳朵里产卵

真的假的？假的。

蠼螋是一种革翅目（*Dermaptera*）昆虫，它们已经在地球上存在至少两亿年了，但遗憾的是，从古罗马时期以来它们就被冠以恶名。许多人都认为蠼螋会主动钻进人的耳朵里，并在那里挖洞产卵。这是一则彻头彻尾的谣言，可能源于老普林尼。他是许多长期流传的错误说法的始作俑者，比如，他曾经声称女性不可能是左撇子，珊瑚不是一种动物，以及将油炸蠼螋放进人的耳朵里可以治疗牙疼（我们在此严肃警告大家不要尝试）。蠼螋确实喜欢阴暗潮湿的地方，从这个角度看人的耳朵似乎挺合蠼螋心意。但人类的耳道远不如那些天然的栖息地，所以蠼螋更喜欢在泥土中或树皮下等环境中生活，目前没有记录表明蠼螋曾在人类的耳朵里产卵。虽然确实发生过蠼螋钻入人耳的事情，但这种事情的发生概率非常低，和蛾子或蜘蛛等虫子爬入人耳的概率差不多。起源自古罗马时代的诸多谣言中的一条是，如果一只虫子爬进了你的耳朵，那么你应该找人往你的耳朵里啐口水。但我们的建议是，如果你遇到了这种情况，请咨询专业医师帮你解决这个问题。

你的脸上有螨虫

真的假的？真的。

你的脸上有螨虫，此时此刻就有。不仅如此，你身上的每个地方都可能有螨虫。不过，在你一路飞奔去卫生间洗脸之前，我觉得你有必要知道，世界上几乎每个地方都有螨虫，你上一秒刚刚将脸上的螨虫全部清理干净，下一秒另一个人身上的螨虫就可能传播给你。毛囊蠕形螨（*Demodex folliculorum*）和皮脂蠕形螨（*D. brevis*），与蝎子、壁虱、蜘蛛及盲蛛同属蛛形纲。毛囊蠕形螨生活在皮肤上较大的毛孔和毛囊周围，皮脂蠕形螨则生活在皮脂腺附近（就是那些会让头发出油的腺体）。正因为毛孔和毛囊遍布你的脸庞，所以螨虫也聚集于此。可能比较容易让你接受的说法是，螨虫并不是一种寄生虫，它们和我们是共生关系，也就是说，虽然它们会从我们身上吸取养分，但对我们没有什么害处。有研究表明，这些小家伙对我们甚至是有益的，和生活在我们体表的其他微生物一样，螨虫会清理我们的死皮细胞和有害细菌。而且，这些螨虫没有肛门或其他可供其排出固体粪便的生理结构，所以它们不会在你脸上排便。但是，这也意味着代谢物会在它们时长16天的生命里不断累积，让它们的身体变得鼓鼓囊囊，并在其死亡的那一刻全部喷洒在你脸上。祝你拥有愉快的一天！

鼻腔（Nasal Cavity）

位于动物的鼻子或喙后方的一个充满空气的腔体。

腹柄（Petiole）

胡蜂或蚂蚁的胸腔与腹腔中间的那段细长结节。

病原体（Pathogen）

一种致病的生物。

沉积物岩心（Sediment Core）

从泥土、沙石或其他沉积物中提取的圆柱状样本。

城市化（Urbanization）

一个地区从乡村变为城镇的过程。

虫黄藻（Zooxanthellae）

一种特化的单细胞甲藻（一种浮游原生生物），它们和珊瑚、水母等生物保持着一种共生关系。

雌性先熟雌雄同体（Potogynous Hermaphroditism）

生物在出生时是雌性，之后在某个生命阶段转化成雄性个体的现象。

雌雄同体（Hermaphrodite）

同时拥有两种性别性腺的生物。

粪便（Faeces）

消化后被生物排出体外的固体残渣。

孵育（Brooding）

为了让蛋长期处于一个温度、湿度等条件合适的环境中，而蹲坐在它们上方，或与它们保持较近距离的行为。

浮游生物（Zooplankton）

生活在海洋和河流中的微生物。

腐肉（Carrion）

开始腐烂的动物尸体上的肉。

附肢（Appendage）

任何生物身体上具有特殊功能的突起物都可以叫作附肢。

腹部（Abdomen）

对哺乳类动物来说，指体内装着消化系统的各种器官（例如肠子）

的那部分体腔；对节肢动物来说，指躯体最后或位于胸部之后的那一段。

膈肌（Diaphragm）

呼吸时用到的主要肌肉，在大多数哺乳动物的身体中，它起到了分隔胸腔和腹腔的作用。

古菌（Archaea）

它们是目前生物三大域中的一个，在形态上与细菌相似，与真核生物也具有基因相似性。

过氧化氢（Hydrogen peroxide）

一种通常用作漂白剂的化合物。

毫伏（Millivolt）

千分之一伏特。

虹细胞（Iridophore）

一种存在于变色龙体内，内含反光颜料的细胞。

后肠（Hind Gut）

生物肠道的最后一段。

后腹柄（Postpetiole）

许多蚂蚁身体的第二段结节。

共生（Symbiosis）

一种允许两种生物可持续发展的长期关系。

基因组（Genome）

一种生物的遗传物质。

寄生虫（Parasite）

一种寄生于其他生物体表或体内，以牺牲宿主利益为代价获取养分的生物。

颊部（Buccal）

一般指脸蛋，或者笼统地指嘴周围的区域。

甲藻（Dinoflagellate）

一种在海水和淡水环境中均可以发现的单细胞原生生物，拥有两根类似鞭毛的身体结构，以达到在水中游动的目的。

交配（Copulation）

有性繁殖过程。

茎化腕（Hectocotylus）

雄性章鱼身上的存储精子的附属器官。

抗菌剂（Antimicrobial）

能够消灭微生物的物质。

利他（Altruism）

动物的某种对自身毫无益处甚至有害，而对另外一种生物非常有益的行为模式。

内脏（Entrails）

肠子等体内器官。

脓（Pus）

当身体受到感染时，在发炎的地方流出的黄色或白色液体。

胚胎（Embryo）

生命发育最早期的形态。

皮质骨（Dermal Bone）

在皮肤真皮层内形成的骨头。

气管（Trachea）

呼吸过程中气体交换的管道。

前列腺素（Prostaglandin）

胃育蛙身体内分泌的一种防止胃酸分泌的液体（很难溶于水）。

肉毒中毒（Botulism）

一种由加工或罐装肉类食品引发的食物中毒，通常是由于食物保存不当或消毒不彻底，以致梭菌属中的三种细菌滋生，引发食物中毒。

乳突（Papillae）

动物体表凸起的组织。

生殖带（Clitellum）

蠕虫身体上用于繁衍后代的一个部分，看起来就像一条隆起的带状物或圈状物。

石炭纪（Carboniferous）

处于距今 2.99 亿~3.59 亿年的古生代晚期，其标志性事件就是煤炭的大量形成，以及生物卵细胞进化出一层包裹胚胎的液体膜。

植食的（Herbivourous）

以植物为食。

食虫的（Insectivore）

以昆虫为食。

食道（Oesophagus）

一条连接嘴巴和胃部，由肌肉组成的长管。

食粪的（Coprophagy）

以粪便为食。

食肉的（Carnivorous）

以其他动物为食。

适应（Adaptation）

生物为了适应环境而做出的改变。

授精（Fertilise）

卵子和精子结合的过程。

输卵管（Oviduct）

卵子在离开卵巢后通过的那条管道。

邻接雌雄同体（Sequential Hermaphroditism）

生物在某个生命阶段变性的现象。

炭疽病（Anthrax）

一种由名叫炭疽杆菌（*Bacillus anthracis*）的细菌引发，会损害动物皮肤与肺部的疾病。

臀腺（Pygidial Gland）

个别种类的甲虫用于产生化学物质的特殊腺体。

外骨骼（Exoskeleton）

生长并覆盖于无脊椎动物身体外侧，用于支撑和保护身体的结构。

胃蛋白酶（Pepsin）

一种能够分解蛋白质的酶。

无脊椎动物（Invertebrate）

没有脊椎的动物。

下颌（Mandible）

对昆虫来说指位于它们口器附近的一个附属物，对脊椎动物来说指它们的下巴。

携播（Phoresy）

在一段共生关系中，某种动物借由其宿主实现位移的现象。

信息素（Pheromone）

一种通过将其释放到周围环境中，影响其他同类生物行为举止的化学物质。

性腺（Gonads）

用于产生生殖细胞或配子的生物器官。

胸腔（Thorax）

对哺乳类动物来说指它们的脖子和腹腔中间的那段，对虫子来说指它们身体的中间那节。

血清素拮抗剂（Serotonin Antagonist）

一种用于抑制血清素效用的药剂。

原生生物（Protists）

通常指归类于原生生物界的生物。原生生物是真核生物，但不是动物、植物或真菌。

孕期（Gestation）

一个生物从受孕到产下后代的这段时间。

真核生物（Eukaryote）

生物分类的三大域之一，主要特点是这种生物的细胞中有一个被膜包裹的细胞核。

中肠（Midgut）

生物肠道的中间部分，对昆虫来说指它们消化系统的中段。

自断（Autotomy）

直接舍弃身体某个部分的行为，一般用于抵御捕食者。

致　谢

在此我们要感谢每一位为本书的写作提出宝贵意见的人，以及那些为我们仔细核实每一条信息的专家学者。你可以在以下推特账号中找到他们：

@_glitterworm
@alexevans91
@AlexSlavenko
@AnnaDeyle
@annfro
@ashaelr
@AVScards
@barreleyezoo
@battragus
@becomingcliche
@berlinbuggirl
@birdnirdfoley
@CanopyRobin
@Cataranea
@claireasher
@ConnectedWaters
@DiamondKMG
@drmichellelarue
@dllavaneras
@EntoLudwick
@Fuller_Si
@hammerheadbat
@JessieAlternate
@Julie_B92
@MarkScherz
@MazHem_
@mbystoma
@mdahirel
@NadWGab
@NatickBobCat
@rickubis
@TeenyannB
@temptoetiam
@TheLabandField
@WhySharksMatter